你为什么总是焦虑不安

马永霞◎编著

中国纺织出版社

内 容 提 要

在现代社会中，人们的生存压力越来越大，更多的人陷入焦虑之中，无法自拔。因为焦虑而引起的心理问题日益凸显，这是一本指引人们走近焦虑、了解焦虑、彻底消除焦虑的书，只有这样才能回归幸福。

本书以心理学知识为基础，从生活和工作的各个方面，为读者朋友们揭开焦虑的面纱，帮助读者认识焦虑的真实面目，从而一起探讨和寻找消除焦虑的根本方法。

图书在版编目(CIP)数据

你为什么总是焦虑不安 ：摆脱不安和恐惧的心理技巧 / 马永霞编著. -- 北京 ：中国纺织出版社，2017.8（2023.1 重印）
ISBN 978-7-5180-3675-2

Ⅰ.①你… Ⅱ.①马… Ⅲ.①焦虑—心理调节—通俗读物 Ⅳ.①B842.6-49

中国版本图书馆 CIP 数据核字(2017)第 130634 号

责任编辑：闫 星　　特约编辑：王天乐　　责任印制：储志伟

中国纺织出版社出版发行
地址：北京市朝阳区百子湾东里 A407 号楼　邮政编码：100124
销售电话：010—67004422　传真：010—87155801
http://www.c-textilep.com
E-mail:faxing@c-textilep.com
佳兴达印刷（天津）有限公司印刷　各地新华书店经销
中国纺织出版社天猫旗舰店
官方微博 http://weibo.com/2119887771
2017 年 8 月第 1 版　2023 年 1 月第 5 次印刷
开本：710×1000　1/16　印张：14.5
字数：186 千字　定价：45.00 元

前言

现代社会,人们的生活节奏越来越快,生存压力越来越大,导致越来越多的人们陷入焦虑之中。实际上,灵魂与身体是一个统一的整体,是不可分割的。在我们越来越关注身体健康的同时,也应该关注我们的灵魂,关注我们的精神世界,这样才能真正实现灵魂和身体的和谐统一。

随着社会的发展和进步,人们越来越关注心理问题。在很多可怕的疾病已得到有效缓解和控制时,却有更多的人步入自杀的行列,结束自己宝贵的生命,不得不说心理问题迫在眉睫亟须解决。

人为什么常常精神崩溃呢?这个问题至今没有确切的答案。无数的心理学专家和研究者对其探究一刻也不曾放弃。当我们因为心灵失去宁静变得对生活厌倦、因为精神得不到满足而陷入焦虑和惴惴不安中,我们难以控制地想要逃离这个世界。这是因为,我们内心深处有着深深的恐惧,恐惧使我们焦虑,焦虑又使我们陷入更深的恐惧,由此人生进入精神的荒原,无论怎么艰难跋涉也无法突围出来。在这种情况下,毋庸置疑,我们需要精神上的引领者,我们也需要以科学的心理学理论为基础,指导我们渡过心理上的重重难关。

毫无疑问,焦虑是困扰现代人的心理问题之一。我们因为找工作焦虑;因为肩上沉甸甸的家庭责任而焦虑;因为无法得到自己梦寐以求的东西而焦虑;因为爱情、亲情和友情而焦虑;因为无法与他人更好地相处而焦虑……总而言之,任何情绪的波动都会引起我们的焦虑,我们的心理太脆弱了。从现在开始,就让我们走近焦虑、了解焦虑以及彻底消除焦虑。只有远离焦虑,我们才能拥有如愿以偿的生活,才能挣脱心的囚笼,得到自由而又高远的广阔天地!

编者

2016 年 7 月

第一章　认知焦虑:每个人的心中都有焦虑的影子 // 1

生活时阴时晴,必须顺势而为　/　2

焦虑无处不在,淡定才能从容　/　4

知己知彼,了解焦虑才能消除焦虑　/　6

处处受欢迎,焦虑去无踪　/　8

焦虑重重危害大,不可小觑　/　10

今天,你焦虑了吗　/　12

你知道吗,焦虑也是会遗传的　/　13

化压力为动力,焦虑才能烟消云散　/　16

第二章　为何焦虑:没有勇气还是对自己缺乏信心 // 19

恐惧从何而来,心病还需心药医　/　20

胆小畏缩,只会让人生更糟糕　/　22

勇敢向前,你才能走出现在的困境　/　23

突破自我,我们才能彻底摆脱束缚　/　25

希望,是人生永远的引航灯　/　27

丑小鸭也有春天,美来自你的内心　/　29

当一朵太阳花,始终向阳而生　/　31

现实并不可怕,你只要消除畏惧　/　32

忘却,是智者才有的生活态度　/　34

第三章　打开身心:减少一些欲望,焦虑自然消亡 // 37

贪婪的心,让你永无休止劳碌不堪　/　38

心安是归处,拒绝非分之想　/　40

功名利禄是让人不得清闲的祸首　/　42

追求要有止境,否则就成贪欲　/　44

工作的目的是生活，不要本末倒置 / 46
安睡只需一床之地，降低对生活的苛责 / 48
坦然接受事实，才能消除痛苦 / 50
嫉妒心强的人永远不会快乐 / 52
成功并非必需品，适度执着就好 / 54

第四章 悦纳生活：活在当下，让焦虑远离生活 // 57
成功或者失败，看你是否能摒弃焦虑 / 58
人生不可能完美，要接受缺憾 / 60
换个角度来看，缺点会变成优点 / 62
拒不承认，本质是自欺欺人 / 64
未雨绸缪还是杞人忧天，要把握度 / 66
过度思考，只能让你不得从容 / 68

第五章 淡定从容：不轻易失控，与焦虑反道而行 // 71
焦虑折射生命的本质，要温柔待之 / 72
态度决定命运，你准备好了吗 / 74
把握清醒的头脑，才能掌控焦虑 / 76
幸福生活要和谐，平衡你的多重角色 / 78
休息，让你以空杯心态迎接生活 / 80
从容是焦虑的天敌，要从容 / 82
对镜子里的自己微笑，拥有美好一天 / 84

第六章 立即行动：不因常常拖延而焦虑而惶惶 // 87
任何事情都不迟，只要不放弃 / 88
消除心底的抗拒，你才不会拖延 / 90
凡事越早越好，千万不要“拖延症” / 92
当后果严重，你还敢拖延吗 / 94
预先规划定好规则，才有期限 / 97
关键时刻，成功的机会转瞬即逝 / 99

第七章 身心调整：别因不可控制的情绪而焦虑不安 // 101
如何避免“焦虑心理摆效应” / 102
你的生活里，该有心理咨询师 / 104

慢生活,不仅孩子需要 / 106
寻找发泄方式,缓解焦虑情绪 / 108
宁停三分不抢一秒,焦虑也要等红灯 / 110
情绪也像衣柜,需要你理出头绪 / 112

第八章　消除妒忌:忌妒他人优秀只会透露自己无能 // 115
每个人都向死而生,理应珍惜生活 / 116
妒忌,让你的生活扭曲变形 / 118
落地为根,你总能花开遍野 / 120
与其妒忌他人的果实,不如成为秋 / 122
为自己长出翅膀,才能遨游世界 / 124
妒忌百无一用,果断行动才是王道 / 126
善用妒忌,你才能不断成长更加优秀 / 128

第九章　冲破焦虑:学会放松,摆脱心灵的压力 // 131
关于时间焦虑症,你了解多少 / 132
无法控制时间的长度,就把握宽度 / 134
合理规划金钱,摆脱生命桎梏 / 136
人生的"三座大山",你要合理供养 / 139
身外之物是累赘,忘记才能轻松 / 141
每个人都要为生命中的错误埋单 / 143

第十章　不要较真:过于在乎升职加薪必定心生焦虑 // 147
忘记晋升,反而轻松得到晋升 / 148
在团队中,你为什么惴惴不安 / 150
眼界决定人生高度,也帮你消除疑虑 / 152
即使错了,也比无所作为更好 / 154
不要鼠目寸光,薪资并非工作的第一要义 / 156
业绩虽重要,长远合作更重要 / 158
心境坦然,才能顺利度过"试用期" / 160
避开选择恐惧症,轻松找工作 / 162

第十一章　克服紧张:越爱越担心,爱情不该抓太紧 // 165
信任,是爱情恒久远的基石 / 166

爱情就像流沙，禁不住你紧紧地抓 / 168
爱与不爱，永远是两个极端 / 170
婚姻中斤斤计较，注定无法幸福 / 172
不试怎么知道，行动派才能抓住缘分 / 175
爱要坚定不移，迟疑的爱风雨飘摇 / 177

第十二章 维护朋友：良性友好的互动可以消除焦虑 // 179
灵活机动，帮助自己适应新角色 / 180
与众不同的领导者，总是一呼百应 / 181
把折磨人的交流，变得轻松愉悦 / 184
害羞虽可爱，但却给人带来困扰 / 186
人与人之间的距离需要随时调整 / 188
沟通未“通”，怎么办 / 190
如何成功克服社交恐惧症 / 192

第十三章 多些努力：让易被焦虑侵蚀的心变得强大起来 // 195
千锤百炼，拥有一颗强大的内心 / 196
专注，让你的心变得安宁充实 / 198
让生命充满“侥幸”，与幸运常伴 / 200
深知未必会变好，你方得从容 / 202
与其胆战心惊等待，不如破釜沉舟行动 / 204
记住点滴成功，才能激励自己 / 206
两情若是长久时，就在朝朝暮暮 / 208

第十四章 预之则立：凡事提前筹划，从根本上杜绝焦虑 // 211
工作分清轻重缓急，自然运筹帷幄 / 212
你是领导不是仆人，要学会调兵遣将 / 214
统筹安排时间，让你条理清晰更从容 / 216
思路清晰效率高，轻松自如享受工作 / 218
越乱越烦越烦越乱，跳出恶性循环 / 220
凡事提前规划做好预案，才能自如 / 222

参考文献 // 224

第一章

认知焦虑:每个人的心中都有焦虑的影子

对于身体上的疾病，尤其是那些症状明显的急性病,人们总是第一时间赶去看医生,生怕稍有耽误,病就会由肌肤到腠理。然而,人们却总是忽略精神上的疾病，因为精神上的疾病并不会马上影响我们的身体健康,而且也没有太明显的症状。因此,越来越多的现代人因为生活压力的增大和工作节奏的增快，深受精神疾病的困扰,无法自拔。精神与肉体原本就是一体的，不应该分开。因而就要求我们在保障肉体健康的同时，也要更多地关注精神的健康。

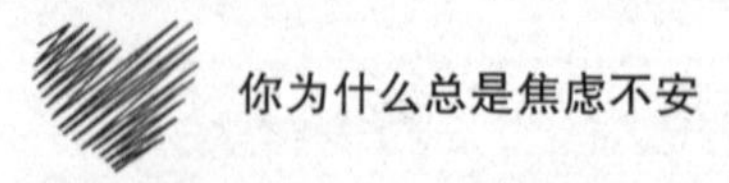

生活时阴时晴,必须顺势而为

对于生活,每个人都有自己的渴望和希冀。很多人都会在生活中描画自己未来的情形,并且希望生活能够按照自己规划好的路径前进。现实情况却是,生活总是充满了未知,带给我们的或许是惊喜,或者是惊吓,也或者是平淡如水。无论生活如何改变,每个人要想享受生活、拥抱生活,就必须学会顺势而为。当生活的天空下雨,你就撑起雨伞,不必为了阴雨连绵而哭泣;当生活的天空艳阳高照,你不妨借此机会晾晒心情,尽情享受,无须担忧未来会不会下雨;当生活的天空,既无风雨也无晴,你应该照常读书、学习和工作。因此,既然生活不可预料,我们就不能抱怨更不能焦虑,而应该顺其自然,坦然接受。

现代社会,不管是精神文明还是物质文明,都进入高速发展的时代。因为生活节奏的加快,也因为工作压力的增大,人们的心理问题也越来越多,其中最广泛的就是焦虑问题。现代人的生活,几乎没有几个人是不被焦虑困扰的。其实,焦虑已经成为非常普遍的一种社会现象,不管是高层的社会精英,还是底层的农民工,几乎人人都无法摆脱焦虑的困扰。焦虑就像一场重感冒,是很容易扩散和传播的。要想避免焦虑无限蔓延,我们就要更加读懂焦虑的本质,不要与生活背道而驰。不管命运赐予我们的是什么,我们都应该坦然接受。只有顺势而为,才能避免过度挣扎导致的伤害。

人到中年的马波失业了。他女儿今年三岁,刚好开始读幼儿园,每个月都要多出几千块钱的学费开支。他前一年换了房子,当时换房子时,他并不知道自己会面临失业的窘境,因此他每个月还要承担近万元的月供。如此一来,他突然间觉得人生晦暗无光,似乎一切都失去了希望。因此,马波整日在家蒙头大睡,还时常喝得醉醺醺的,觉得人生毫无方向。对于马波的状态,妻子刚开始时并没有感到过分担忧,她什么都不说,只想给马波一个缓冲发泄的时间。然而,一个星期过去了,马波的状态依然没有改变,妻子不得不发声了。

一个周五的晚上，妻子做了一桌子的好菜，说："明天就周末了，今晚上咱们好好喝一杯吧。"酒过三巡，妻子先安排好孩子睡觉，然后又与马波推杯换盏。这次，他们夫妻二人在醉意中彼此敞开心扉，交谈了很多平日里不曾提起的话题。最后，妻子说："我想，人生总是有时风雨、有时晴的。我们应该坦然接受，工作丢了没关系，还可以再找。只要咱们一家人在一起高高兴兴、平平安安的，一切都会好起来的。"听了妻子的话，马波感动地留下眼泪，说："放心吧，我会振作起来的。我还有你和女儿，我很富有，我也肩负着责任。"接下来的一个多月里，马波每天都在四处奔波找工作，虽然因为年纪大了而处处碰壁，但是他毫不气馁。最终，马波找到了一份十分理想的工作，不仅工资比以前高，而且福利待遇比以前更好了。

很多时候，我们喜欢和命运较劲，因为，不知道命运的洪流到底会把我们冲到何方。无论如何，当我们与命运背道而驰时，我们的生活就会变得更加糟糕。既然很多事情一旦发生便不可更改，与其抱怨或者悲泣，不如鼓起勇气接受和面对。

在很多情况下，我们之所以焦虑，正是因为对于自己的生活过度期待。如人们常说的，希望越大，失望越大。当我们怀着适度的期待，则一定不会陷入过度的焦虑。很多人都喜欢给自己制定过高的目标，似乎只有目标远大，人生才能与众不同。而实际上，过于远大的、可望而不可即的目标往往让人坠入无边的焦虑之中。唯有更好地面对未来，憧憬未来，我们才能从实现目标的喜悦中得到自信和满足。

心理小贴士：

最近这些年，整个社会都处于高速的发展之中。我们必须调整好自己的生活和工作的节奏以适应社会的发展，也应该从自身的实际情况出发，更好地规划人生，才能最大限度地帮助自己摆脱焦虑。不管我们是处于社会的金字塔尖，还是处于社会的最底层，我们都应该脚踏实地地前进。当你对待成败变得坦然，你对待人生也必将更加豁达。

焦虑无处不在，淡定才能从容

现代人有几个是不焦虑的呢？现代人又有几个能够切实意识到自己的焦虑呢？提起焦虑，大家都知道一二，但是对于自身的焦虑，总是视若无睹，无知无觉。正因如此，很多人都备受焦虑的折磨，却根本不知道问题出在哪个地方。因此，我们应该更加地了解焦虑在生活中是无处不在的，从而也知道如何正确地面对焦虑，不至于觉得惊慌或者恐惧，从而帮助我们保持平静的心情。

提到焦虑，有些人根本毫无意识，有些人却如临大敌。如此严重两极分化的态度，让人惊讶。对于焦虑是否值得人们担心，回答当然是肯定的。有些人对于焦虑避之不及，仿佛焦虑是多么严重的瘟疫，一旦沾染上就无法摆脱。其实，焦虑根本不像我们想象的那么可怕。焦虑也是人的正常情绪之一，适度的焦虑还能刺激人们更加积极奋进，也能帮助人们以更好的状态接受新鲜事物。当然，过度的焦虑则会让人坐卧不安、心神不宁，甚至会影响正常的工作和生活。在这种情况下，我们必须把握好焦虑的度，才能防止焦虑负面作用的发生，尽量使其发挥正面的作用。

单云从二十出头开始当护士，至今她的护士生涯已经足足走过了三十年。单云今年已经五十出头了，因为医院要提拔一名经验丰富且认真负责的院长专管护理，所以单云理所当然地被选中。以她的经验和资历，这是当之无愧的。然而，原本就有完美主义情节的单云对待自己的工作和生活都异常认真，现在升职之后，难以避免地把完美主义运用于工作。她要求每一名护理人员都要达到最高的卫生标准和护理标准，这让护士们全都叫苦不堪。

在单云走马上任之后，医院接连几次在卫生局的检查中都表现突出。因此，院长对于单云的工作表现也很满意。然而，渐渐的，关于单云的流言就传出来了，小护士们私底下都称呼她为“灭绝师太”。对此，单云有所耳

闻,却难以改变自己完美主义的情结。她不但有完美主义情结,而且凡事都要求做到尽善尽美,是典型的焦虑症。每次交代给护士们完成的工作任务,她总是要反反复复地检查好几遍,而且要再三询问和确认。为此,护士们都对她意见很大。在这种情况下,单云开展工作也增加了难度,与同事之间的关系也失去了曾经的和谐融洽。在年终的评选上,单云居然得票很低,这让对她的工作非常满意的院长大跌眼镜。在得知事情的原委后,院长语重心长地说:"单云啊,当领导并非只要以身作则、认真严肃就行,还要学会与同事们搞好关系,让他们快乐地完成你交代的工作,达到你的标准。而且,生活总不会是无菌的,你也不要过于焦虑。只有放宽心,坦然从容,才能让这一切都水到渠成地实现。"

院长的话,让单云陷入深思。她告诉自己:"也许只有摆脱焦虑,学会放手的领导,才是真正的好领导,也才能真正适应这个管理岗位。"

从本质上来说,焦虑是对即将发生的威胁的恐惧。在大多数焦虑的人中,只有很少数是因为对已经发生的事情焦虑,大多数人都是因为对还未发生的事情感到担忧。焦虑是防御心理机制下的综合情绪,轻度的焦虑并没有明显症状,严重的焦虑却会影响人们的工作和生活,扰乱社会秩序。很多人还会因为焦虑而失眠,这就说明焦虑已经变得相当严重,必须引起足够的重视。在通常情况下,生活中的焦虑都是一过性的。如当你因为即将到来的考试而焦虑,等到考试结束就会觉得身心轻松;如果你因为婚礼即将举行而焦虑,那么等到婚礼结束后也会变得从容。由此可见,很多焦虑是因为某些事件即将到来而引发的,完全无须担心。

既然焦虑无处不在,我们与其因为焦虑变得更加烦躁,不如坦然接受焦虑,淡定从容地应付焦虑。曾经有心理学家认为,焦虑之于人,就像空气一样如影随形,拒之不能。但是焦虑又与空气有所不同,即焦虑会随着人们情绪状态的改变,也随意四处蔓延。例如,当你心情愉悦时,焦虑会消失得无影无踪。相反,如果你心情烦躁郁郁寡欢,则焦虑也会变本加厉,甚至侵占你的整个心灵。在了解焦虑的特性之后,聪明人当然不会放任焦虑肆意蔓延,而是会努力控制自己的情绪,也会遏制焦虑的发展态势。

心理小贴士：

如果每个人都把心中的焦虑情绪列成一个清单，那么全世界人的清单一定能够围绕地球无数圈。毋庸置疑，每个人都有很多焦虑，甚至可以说生活就是一个又一个焦虑。既然如此，不要再抗拒焦虑，而要采取正确的态度面对焦虑，这样才能坦然从容地面对生活。

知己知彼，了解焦虑才能消除焦虑

《孙子·谋攻篇》记载："知彼知己，百战不殆；不知彼而知己，一胜一负；不知彼，不知己，每战必殆。"这句话的意思是说，我们只有了解敌人和自己，才能次次都取得胜利；如果我们了解自己而不了解敌人，则能够势均力敌；倘若我们既不了解自己，也不了解敌人，那么一定必输无疑。其实，不仅在战场上如此，在很多情况下，这个道理都同样适用。对待焦虑，我们也要做到知己知彼，这样才能从根本上消除焦虑。

很多人对焦虑不以为然，结果有些新生儿的妈妈因为焦虑而引发抑郁症，最终选择结束自己年轻的生命，还有更严重的甚至会带着孩子一起离开世界。与他们恰恰相反，很多人一提起焦虑就谈虎色变，简直觉得焦虑就是洪水猛兽，一定会让人们陷入挣扎和痛苦的地狱。实际上，焦虑既不像有些人想的那样不值一提，也不像有些人认为的那样堪比洪水猛兽。我们只有正确了解焦虑，以恰当的方式对待焦虑，才能合理消除焦虑。因此，从现在开始，就让我们一起揭开焦虑的面纱，了解焦虑的真实面目吧！

作为一名编辑，在最初从业的一年多时间里，静静患了严重的工作焦虑症。刚开始，大学毕业的静静缺乏工作经验，很难完美地完成工作。后来，她非常勤奋地学习，基本每天都利用业余时间提升自己的专业能力。渐渐地，她在工作上表现得越来越好，与此同时，她也发现自己开始出现"职业病"的症状。每当走在大街小巷，她总是情不自禁地从那些广告牌中寻找错别字，即使在娱乐休闲看影视剧时，她也总是盯着字幕看，时不时地就能看

到错别字。后来，她不但情不自禁地找错别字，还会不停地在心里默默地打出这写字的拼音，甚至以修改校对符号去修改他们。最终，她根本不能看到文字类的东西，否则马上就会情不自禁地开始“工作”。无奈之下，静静只好去看心理医生。心理医生建议她暂停一段时间的工作，把自己从方块字的围攻下解放出来。

经过一段时间的沉浸，静静对方块字渐渐没有那么敏感的。再次小心翼翼地工作之后，她也再没有过那么紧张焦虑的状态。

在这个事例中，静静显然是因为对工作过于焦虑和投入，因而导致自己出现轻度强迫症的症状。每个刚刚参加工作的年轻人都很愿意全身心投入做好工作，但是他们往往因为经验和能力的不足，导致事与愿违。在这种情况下，适度焦虑能够帮助他们更加积极努力地奋进，但是过分焦虑却只会让他们心生不宁，甚至导致正常的生活和工作都受到影响。因此，我们必须调整好生活和工作的节奏，也客观地认识焦虑发生的根源，从而才能找到正确消除焦虑的方法。

要想消除焦虑，我们首先应该提升信心。很多焦虑都是源于自己不够自信，你何曾看到过一个自信满满的人备受焦虑的困扰呢？其次，还应该学会自我放松。紧张无疑会使焦虑的症状越来越严重，只有学会自我放松的方法，我们才能随时随地给心灵放假，让自己更好地生活和工作。总而言之，焦虑不是无缘无故产生的。我们只有了解其产生的原因，才能从根本上杜绝焦虑，也只有了解焦虑的诸多症状，才能对症下药找到最合适的解决方法来缓解焦虑。

心理小贴士：

有的时候，为了消除焦虑，我们也可以采取“逃避法”。当然，这里所说的逃避并非是无视焦虑，而是采取暂时回避的方法，让焦虑远离我们的生活。例如，当你感到焦虑时，不妨去做一些能够帮助自己放松的事情，如逛街购物、品尝美食，或者是去郊外远足。总而言之，一切能够帮助你放松自己的事情，你都可以去干，一定会起到良好的效果。除此之外，假装高兴也能让你郁郁寡欢的心情尽快好转。细心的人会发现，如果你原本很郁闷，但是当你勉强笑起来之后，你会发现心情莫名其妙地变好了。虽然这个办法看起来有些自欺欺人，实际上还是效果显著的。

处处受欢迎，焦虑去无踪

在现代社会，人际关系已经成为人们生活和工作中至关重要的头等大事。在越来越强调情商的今天，人们坚信只有超高的智商和超强的专业技能是远远不够的。既然整个时代都要求每个人必须学会相互团结协作，那么我们也不例外。要想在生活中与人为善，要想在工作中受人欢迎，我们必须要学会处理人际关系，成为处处受欢迎的人。否则，即使你学历再高，能力再强，如果在工作中处处受到其他同事的排挤，也是不可能如愿以偿得到大家认可的。

因为吃过社交的苦头，有些不善言辞或者不擅长与人打交道的人，莫名其妙地就患了社交恐惧症。他们害怕与他人说话，不敢与很多人一起相处，甚至在看到陌生人时会面热潮红、心跳加速。对于这样的情况，尽管他们自己也觉得很难堪，也想尽力改善，但是毫无办法。因此，他们在人际关系中陷入恶性循环，即越是想要努力地改善人际关系，就越是把人际关系变得更糟糕，导致自己根本不敢再对人际关系怀有任何奢望，甚至采取逃避的态度。如此一来，何时才能变成处处受欢迎的人呢？因为社交恐惧引发的焦虑也必然日益严重。

在通常情况下，患有社交焦虑症的人越是在热闹的人群里，越是觉得如坐针毡，甚至产生想要逃离的冲动和渴望。

豆豆是个非常内向害羞的女孩，早在读初中时，她就很少与班级里的同学交往，只与一两个女生关系亲密。后来在大学，因为爱读书，豆豆更是每到周末就泡在图书馆里，从来也不会与同学们一起出去玩。豆豆怡然自得，丝毫不觉得自己有何另类。然而，自从参加工作之后，豆豆就开始陷入苦恼，表现出严重的不适应。首先，她在办公室里往往一天也不说几句话，大家都当她是哑巴，渐渐地豆豆越来越觉得苦恼，因为每个人看她的眼神都怪怪的。后来，随着工作的深入，需要与其他同事或者部门间合作的机会越来

越多,豆豆也因为沉默寡言、不善言辞错过了很多机会。对此,她非常苦恼,简直不知所以,甚至因此而失眠、烦躁。

在咨询心理医生后,豆豆意识到自己患了社交恐惧症,因此陷入焦虑的情绪中。在心理医生的建议下,豆豆是先从接触陌生人开始。她鼓足勇气在商场、超市等地方,与陌生人搭讪,极力克服自己的恐惧心理。接下来,她还尝试着与某一个人亲密交往,从而渐渐地能够接受他人。如此循序渐进,当豆豆能够坦然面对人群时,她的焦虑居然也不治而愈。如今,充满自信的豆豆出现在人群中,谁也无法将她与之前那个胆小怯懦的女孩联系在一起了。随着焦虑的消除,她也越来越乐观开朗,脸上总是挂着笑容。

心若改变,一切都会随之改变。这一点,不但适用于人生,也同样适用于我们日常琐碎的生活和工作。在这个事例中,豆豆因为性格内向压抑而受到大家的排挤,导致工作也受到影响,甚至正常的作息时间也被扰乱。幸好,豆豆还能意识到应该及时咨询心理医生,从而正确了解焦虑现象,最终成功克服社交恐惧症,也把焦虑赶走了。

人是群居动物,任何人都不可能脱离实际而生活。因此,没有人能够真正地在现代社会做到离群索居。当那些话语向我们铺天盖地席卷而来,当周围的人们以怀疑的目光看着我们,我们一定会觉得如坐针毡。与此恰恰相反,当我们在人群中处处受欢迎、如鱼得水时,我们一定会觉得更加充满信心,也更加快乐。

心理小贴士:

社交恐惧症并非没有任何原因和征兆就出现的。在通常情况下,那些不擅长人际交往的人,更容易患社交恐惧症。人是群居动物,每个人都希望自己能够拥有一个圈子,并且在这个圈子里如鱼得水,游刃有余。当这个愿望越来越强烈,现实却与憧憬相差十万八千里时,社交恐惧症也就应运而生。如果你为此焦虑不安,则社交恐惧症就会演变成社交焦虑症,使你不知所措。患有社交焦虑症的人往往特别敏感,哪怕别人一个不经意的举动,都会在其心里引起波澜,从而导致其更加焦虑。因此,我们要想摆脱社交恐惧症引起的焦虑,就一定要让自己成为处处受欢迎的人,这样才能增强自己的社交信心。

焦虑重重危害大,不可小觑

对于焦虑,很多人的态度两极分化,有些人觉得焦虑不值一提,有些人则对焦虑如临大敌。实际上,适度的焦虑的确没有什么危害,甚至还能刺激当事人提起精神和兴致,更加努力和上进。然而,当焦虑越来越多地淤积于心,就会遵循量变引起质变的定律,导致其发生本质的改变,甚至给人们的生活和工作带来极大的困扰。在这种情况下,我们就要及时排遣焦虑的情绪,疏导自己的心理问题,从而让自己更加积极主动地面对人生。

曾经有心理咨询专家在丰富的案例中发现了一个显而易见的事实,即很多有心理障碍的人,其产生心理障碍的根本原因就是很多年前的不幸遭遇。当时,这个遭遇一定给他们带来而严重的心理创伤,而且即便时隔多年,也依然横亘在他们心里,无法消除。很多人都以为自己能够忘却那些不幸,更乐观地面对生活,但是实际情况是,他们在潜意识里依然受到那些伤害的影响,甚至导致他们数年后的生活和工作为此发生改变。正如人们常说的,"一朝被蛇咬,十年怕井绳"。在很多情况下,肉体上的伤痛可以消除,但是精神上的创伤却难以愈合。每当生活中发生与曾经灾难相似的情况,他们心里的伤口马上就会显现出来。由此可见,焦虑如果不能得到及时消除,一定会遗患无穷。

林君自从几年前失去了怀孕三个月的孩子,现在只要看到别人的孩子,就觉得很羡慕。也许是因为过度紧张,她反而很难怀上孩子。虽然医生说她输卵管有些堵塞,只需要疏通就好,她也做了疏通手术,但是依然不见动静。眼看着就四十岁了,林君简直心急如焚。

这次年会,林君是优秀员工代表,需要上台演讲。然而,临到要上去之时,她又退缩了。原来,林君三年前之所以痛失孩子,就是因为穿着高跟鞋走上舞台时不小心摔了一跤。现在,她突然想起当时的情形,心里居然莫名其妙地紧张起来。她甚至想:要是我不知道自己现在怀孕了,万一再不小心

摔一跤,那就糟糕了。想到这里,她焦虑不安,在后台走来走去,最终不得不央求同一部门的李姐代替她上台发表演讲。李姐也是一个妈妈,赶紧安慰林君:"小林,你肯定没怀孕的。要等到过了例假日期一周左右,胚胎才会在子宫里安家落户呢! 你要放松,不要焦虑。而且,不会那么巧合再摔跤的,你只是看到此情此景想起来当时的事情,所以难以自拔而已。只要放松心情,一切都不会发生的。"在李姐的安慰下,林君才渐渐恢复平静,她知道如果自己这次迈不过心里这道坎,那么以后就总会在阴影下生活。因此,她鼓起勇气,踩着高跟鞋走上舞台。这一次,果然什么都没有发生。林君松了口气,感到自己终于突破了心底的障碍。

在这个事例中,林君因为此刻着急想要孩子,所以陷入焦虑的情绪。面对再次登台演讲,她不由得想起此前痛失孩子的悲惨经历,不由得心有余悸。幸好,李姐作为妈妈非常理解林君的心情,在第一时间帮助她安抚情绪,疏通心绪,最终让林君意识到舞台、高跟鞋以及失去孩子的事情之间,并没有必然的联系。这次超越自我的经历,让林君彻底解开心结,从而在未来的日子里轻松地面对生活和工作。

面对很多悲惨的遭遇,人们都会情不自禁地将其与现在的情形、人或事联系起来,由此导致每当遇到相似的情形、人或事,就会不由自主地想起曾经的悲惨遭遇。正如鲁迅笔下的祥林嫂,因为孩子被狼叼走了,巨大的悲痛让她逢人就说,及至疯疯癫癫。如果有人及时帮助祥林嫂疏通情绪,不要让悲伤和焦虑在她的心中累积,也许一切就不至于那么糟糕。总之,人的心理承受能力也是有极限的,当心中的那根弦突然断掉,精神的大厦就会轰然倒塌。由此可见,对于重重焦虑,我们必须及时排遣,尽早消除,从而永绝后患。

心理小贴士:

人的生命力是非常顽强的,也是特别脆弱的。它虽然无影无形,但是却蕴含着巨大的能量。在我们的一生之中,这种能量并非总是表现出积极正向,有时也会导致负面作用。毫无疑问,愉悦的情绪能够激发我们心底的全部能量,让我们更加轻松自如地面对生活。相反,消极悲观的情绪则会让我们变得无比沮丧,甚至失去对生活的信心和信念。由此一来,我们应该及时排遣负面情绪，诸如焦虑、悲观、绝望等，从而才能使生命之舟扬帆起航。

今天，你焦虑了吗

对于焦虑，每个人都有不同的认识。如今，焦虑与我们之中的大多数人如影随形，认识焦虑、辨别焦虑已经成为当务之急。有些人虽然总觉得自己状态不好，却不能清醒地认识到自己正处于焦虑之中。这种情况的发生有两个原因：一方面是因为人们对自我认识不足；另一方面是因为焦虑的表现形式因人而异，各不相同。那么，如何辨识焦虑呢？其实，焦虑是可以测试的。

从本质上来说，焦虑是恐惧情绪的一种。因为对未知世界的恐惧，或者出现莫名其妙的悲观情绪，焦虑会变得更加严重。细心的人会发现，每当焦虑出现时，人们总是身处困境，如人们在陌生的环境中会焦虑、人们在对未来感到迷惘时会焦虑、人们不能如愿以偿时也会焦虑……总之，一切未知都让人们焦虑。过度焦虑的人总是显得不合群，不愿意与亲人、朋友相处，更是时常歇斯底里。在这种情况下，一定要积极寻找医生的帮助，从而借助于医学手段消除焦虑。在通常情况下，焦虑是不易觉察的。它就像喜怒哀乐等正常情绪一样，无法引起人们的警觉。只有在焦虑到达一定程度时，患者才会出现生理的反应特征，诸如失眠、心悸等。正因为如此，我们才要更加掌握本领，控制焦虑，对重度焦虑引起的疾病防患于未然。

眼看着前面的那么多人都已经进去面试了，小米突然间觉得自己头昏目眩，似乎要晕倒。公司负责接待的前台看到小米的样子，非常担忧地问："你有什么不舒服的吗？"小米摇摇头说："我可能就是因为早晨没吃饭，有点低血糖。"前台端来一杯水递给小米，还细心地找来几块糖对她说："把糖吃了，如果是低血糖，马上就会好的。"小米喝了水，吃了糖，依然面色苍白。前台摸了摸小米的手，惊呼道："你的手心都是汗，而且你手很凉。"前台似乎知道了原因，笑着说："你是太紧张了。放心吧，今天负责面试的李总人很和

善,即便对面试的人不满意,也不会故意为难的。而且,你看起来文文静静,恰恰是李总喜欢的类型。只要你不紧张,正常发挥,应该是没什么问题的。”

经过前台一番认真细致的开导,小米觉得心里稍微轻松些了。然而,她又想去洗手间方便。她拜托前台帮她盯着,一路小跑就去了洗手间。看着小米的样子,前台觉得很好玩,仿佛看到了自己刚刚走出校园四处求职时的窘迫样子。

毫无疑问,小米已经因为对面试的紧张不安陷入了焦虑,但是她浑然不知。在很多情况下,我们会把身体的不适归于很多原因,唯独忘了焦虑也会引起不适。如果能够准确辨识焦虑,对其加以及时的排遣和消除,那么情况一定会有好转。

消除焦虑的方式有很多,如想一想让自己开心的事情暂时转移注意力,或者与身边的人聊些轻松的话题,让紧张的心情放松下来,当然,也可以吃几口随身携带的小零食,有些人就喜欢通过咀嚼口香糖来缓解焦虑。一旦我们认清了焦虑的真面目,消除焦虑就会变得更加容易。今天,你焦虑了吗?千万不要因为不是焦虑真面目,就错误理解身体和精神释放的讯号哦!

心理小贴士:

在人们漫长的一生之中,我们总会遇到形形色色的困境和难题。最让人无计可施的是,在这些困境和难题中,有些问题并非努力就能解决的。在这种情况下,人们会陷入焦虑,导致自己情绪焦灼不安,甚至失控。实际上,生命就像是一条河流,我们只有坦然接受河水的流向,才能顺流而下,减少焦虑。而面对焦虑,千万不要讳疾忌医,和身体的病痛一样,焦虑也是不得不医治的精神上的病痛。唯有正确面对,才能及时将其消除。

你知道吗,焦虑也是会遗传的

在生活中,很多人都知道有些疾病或者生理特征是会遗传的。大多数人所不知道的是,焦虑症也会遗传。不过,焦虑并非会直接遗传给下一代人，而是通过易感性的遗传，让下一代人也变得敏感多疑，容易焦虑。曾经有心理学家经过实验证实，如果一个人的直系亲属中有人有恐惧症，那么，他患上惊恐症的可能性也会大大提高。这主要是因为，易感性的遗传让后代患上焦虑性的可能性增大，因而也就更加容易表现出惊恐症的症状。

焦虑居然会遗传，那么如果你的直系亲属中有人有严重的焦虑症，你就应该小心了。这就与是高度近视眼患者的后代更容易患近视眼，是相同的道理。虽然未必是百分之百地遗传，但是概率会成倍提高。除此之外，家庭成员的影响作用也是重要因素之一。例如，一个孩子从呱呱坠地开始就与容易焦虑的母亲生活在一起，那么他就会情不自禁地在行动上沾染很多焦虑的讯息，最终导致焦虑也成为他内化的气质，挥之不去。从某种意义上来说，这种潜移默化的影响作用也是一种特殊的遗传方式。例如，孩子生病，当妈妈手足无措时，孩子也会感染焦虑的情绪，无法平静对待自己的疾病。这种生理和精神上的双重遗传，让孩子们更加容易沾染父母焦虑的特质。

李林是一名高三学生。每次考试时，他的成绩都很不稳定。如这次模拟考试，他原本是可以考到平均分 80 分的，却只考到了 72 分。对此，李林变得更加焦虑。当他为了求助而把这件事告诉妈妈时，妈妈比他更加歇斯底里："天哪，这可怎么办呢！你看看你，平日里学习成绩很好，为什么一到关键时刻就掉链子呢！我也不奢求你能超常发挥，你哪怕能正常发挥，也就很好了。但是，这可怎么办呢，还有一个月就要高考了！你要是考砸了，这可怎么办呢！"听了妈妈的这番话，李林更加焦虑不安了。

好不容易等到爸爸回家，当听到妈妈焦急的抱怨时，爸爸在第一时间就制止了她："李林的焦虑，就是遗传你。"妈妈委屈地喊道："什么，焦虑还会遗传？"爸爸一本正经地说："焦虑会不会遗传我不能确定，但是我知道你这么翻来覆去地唠叨，李林肯定会更加惊慌失措。"妈妈似乎觉得爸爸说的话很有道理，所以停止抱怨，说："这样吧，你去跟他谈，我只会让事情更糟糕。我觉得，面对高考，我比他还紧张呢！"爸爸无奈地说："你们俩都够紧张的！"幸好，爸爸还能保持平静，告诉李林高考并不是人生的唯一，也不会是绝对无法逆转的转折点。在爸爸的安抚下，李林虽然依然紧张，但是好歹恢复了些平静。爸爸语重心长地说："李林，你是男子汉，千万不要像妈妈一样容易冲

动和激动。你看看爸爸,什么时候手足无措了呢！高考没什么可怕的,就把它当成一次普通的考试就好。即使你考砸了,人生也依然有很多条路可以选择。”听了爸爸的话,李林重重地点点头。高考那几天,妈妈尽量避免和李林说话,因为她害怕自己的紧张和焦虑会感染李林,影响其发挥。李林一直都是爸爸陪着。出乎全家人的意料,李林居然正常发挥,考取了一所不错的大学。这时,妈妈心中的一块大石头才完全放了下来。

妈妈的焦虑特质也许遗传给李林了,然而对李林影响更大的是,是妈妈言传身教的焦虑。当他看到妈妈焦虑不安时,自己也难免焦虑起来。这样的直接影响,是比遗传作用更加强大的。因此,我们必须非常努力才能克服父母给我们的影响,也战胜遗传的作用。

1989 年,美国著名心理学家凯根找来 500 名婴儿,展开了跟踪研究。最终,他得出一个结论,即人们焦虑的天性尽管会遗传,但是人们的行为未必完全符合这种一遗传来的天性。在很多情况下,焦虑的天性是否完全充分地表现出来,还取决于人们的生活和工作状态。如当人们从事自己喜欢且擅长的工作时,往往会忘记焦虑,变得全心投入。与此恰恰相反,假如一个人正在失业,生活也一团糟糕,则他的焦虑就会喷薄而出,最终无法自制。从这个角度来说,即使你有直系亲属是焦虑患者,即使你认定自己天生就是容易焦虑的人,你也不必担心,因为你可以通过后天的弥补让自己变得精神强大,不再焦虑。

心理小贴士:

对于焦虑易感性的遗传特性,尽管父母们无法改变天生的遗传特性,但是却可以通过尽量降低影响来使一切的负面影响降到最低。和天生的遗传特性相比,父母的言传身教显然具有更加强大和深远的作用。因此,要想避免孩子长大成人之后因为焦虑而不快乐,不如从现在开始就给孩子们营造一个轻松愉悦的生活环境,让其快乐成长。

化压力为动力，焦虑才能烟消云散

毫无疑问，在一切都飞速发展的现代，几乎每个人都生活在重重压力之下。不管是全职在家的家庭主妇，还是负责在职场上打拼的家庭顶梁柱，不管是正在读书的孩子们还是已经退休的老人，纯粹的毫无负担的快乐已经不复存在，每个人都各司其职，肩负着自己生活的重任。家庭主妇的一天虽然与工作无关，但是却异常忙碌，不但要照顾全家人的饮食起居，还要关心和辅导孩子的学习，还要打扫卫生清洁家务；作为家庭生活的顶梁柱，男性显然也压力很大，他们不但要维持全家人的开支，还有承受巨大的工作压力；孩子呢，和几十年前的孩子们无忧无虑地快乐玩耍相比，在这个一切都靠拼的年代，很多孩子从未出娘胎开始就被安排好了拼搏之路；即使是退休的老人也不能做到安心地颐养天年，照常需要为子女贡献自己的力量……这一切，都是无穷无尽的压力。倘若我们觉得生活本就艰难，那么这些压力会让我们变得非常痛苦，甚至感到喘不过气来。然而，无论我们以怎样的状态面对压力，都不能改变现状。因此，与其痛苦地面对压力，不如积极主动地拥抱和改造压力。当你把压力转化为动力，你心中因为压力而起的焦虑也会随即烟消云散。相反，你甚至会觉得全身都充满了力量，就像一架原本疲惫得即将散架的机器人，在经历完全时间的充电和机油的润滑之后，满血复活一样。

显而易见，要想抵制压力，仅凭着精神上的一鼓作气是不够的。现代社会很多人都因为压力倍增，导致身体陷入亚健康状态，不但神色萎靡，而且体力也大大不济。在这种情况下，我们必须首先保证自己有强壮的体魄和健康的状态，然后才能奋起作战，抵抗压力。在身体健康状况良好的情况下，我们才有余力保养自己脆弱的心灵。与肉体相比，心灵显得更加脆弱。虽然心灵依附于肉体存在，却是支撑人们精神大厦的重要支柱。尤其是当人们的心中杂草丛生时，焦虑也就见缝插针，如影随形，挥之不去。由此可

见,我们必须更好地面对生活中的重重压力,化压力为动力,才能赶走焦虑,还给自己清净明亮的天空。

作为80后,在北京工作的小尹简直是个“拼命三郎”。她大学毕业后来到北京,成为一名计算机编程人员。虽然大多数同事都是男性,但是作为为数不多的女性程序员,小尹巾帼不让须眉,也是经常熬夜加班。对此,很多男同事都劝说小尹不要这么拼,毕竟是女孩子,将来找个有实力的男朋友一切就解决了。然而小尹自己知道,她出身农村,父母至今依然在农村面朝黄土背朝天,因而她只能拼,而不能指望依靠任何人。

上个月,全公司都在全力加班,虽然上司念及小尹是女孩子,因而给了她特权早些下班休息,但是小尹不甘落后,和男同事们一样通宵编写程序。果不其然,没过多久,小尹就病倒了。这一病,让她元气大伤。看到前来探望的同学,被同学抱怨为何如此拼命,小尹的眼眶红了,说:“我家是农村的,父母都在受穷,砸锅卖铁才供我读完大学,我不拼又能怎样呢?”同学气急地说:“你呀,就是榆木疙瘩脑袋。你也不能让自己被压力压死吧,工作的目的是为了更好地生活,不是为了结束生活。要是你能把压力化成动力,每天都安排好工作和生活,满血复活,岂不是更好么!你这样透支体力,只会导致事情更加糟糕。要是你父母知道,该多么心疼你呢!关键是这样并不能解决问题啊!”同学走后,小尹躺在病床上思索了很久,终于认清了问题的本质。是啊,她为什么不能把压力转化成动力呢!要是每天都浑身充满力量地面对工作,一切不是会更好?!想通其中的道理后,小尹不再当“拼命三郎”了。她把力气匀称地使出来,对时间也进行合理安排,果然效率非但没有降低,反而大大地提高。如今的小尹,不再觉得自己被压力压得喘不过气来,而是觉得生活中的每一天都充满了希望。

在这个事例中,小尹此前一味地记着压力,最终让自己轰然倒塌。幸好同学的点拨,她才能意识到这暂时的拼搏并不能解决根本问题,唯有调整好身体和心理的状态细水长流,才能让这一切更加长久可靠。不仅小尹需要如此,那些生活中时刻牢记压力因而片刻不敢休息的人,也应该进行如此深入理性的思考,为自己的人生找到合理长久的道路。

现代社会,几乎每个人都感受到巨大的压力。但是,当我们把压力挂在嘴边，非但于事无补，反而让我们身心俱疲。因此，我们必须合理分担压力，将其转化为持续的动力，最终才能实现自己的梦想，得到自己想要的生活。

心理小贴士：

很多时候，压力并非来自于外界。外界的各种因素，实际上只是压力的诱因，压力产生的根本原因在于我们的内心。人们对于金钱名利等身外之物，总是难以取舍，犹豫不决。在这种情况下，压力应运而生。此外，陌生的欢迎也会给我们造成强大的压力，毕竟人是群居动物，习惯于在自己熟悉的环境中生活与工作。如果一个人适应能力很强，则在面临陌生的环境时压力就会小一些，反之则压力很大。

第二章

为何焦虑:没有勇气还是对自己缺乏信心

人,为什么会焦虑呢?是因为缺乏信心,是因为对未知的恐惧,是因为无法把控一切的仓皇……焦虑的原因多种多样,焦虑的症状也形形色色,归根结底,焦虑还是因为不够自信。不管面对何种困境我们都能做到坦然从容,那么焦虑就无法左右我们的心绪,更无法控制我们的心情。因此,心魔在我们自己的心中。我们只有突破自身的局限,才能镇定自若地面对生命中的喜怒哀乐。

恐惧从何而来,心病还需心药医

在整个地球村上,恐惧都四处蔓延。几乎每个人都曾经体验过恐惧的滋味,也曾遭遇过恐惧的压迫。为了帮助人们解开恐惧之谜,曾经有心理学家对于人们的恐惧心理展开追踪调查。结果显示,有一部分人的恐惧,其实是因为曾经受到的伤害;还有一部分人的恐惧,是害怕去面对。不管因何而起的恐惧,都深深地影响着我们的生活,让我们无法自拔。

既然恐惧的病根在我们的内心深处,那么消除恐惧唯一的办法,就是治疗我们的心病。和焦虑相比,恐惧的程度更加强烈。恐惧的体验,往往使人们瞬间脸色苍白,也使人们不知不觉间就浑身颤抖,由此可见,和最初的焦虑毫无症状相比,恐惧对人的影响更大,也更加来势汹汹。

倩倩特别怕水,这次的蜜月之旅选择去马尔代夫,实在不是明智之举。其实,海涛的本意是想帮助倩倩克服对水的恐惧,因为他知道倩倩怕水,却不知道倩倩为什么怕水。

在海涛的坚持下,倩倩与他一起来到海滩。海滩上人很少,不想国内的三亚一样到处都是密密压压的人。因此,海涛牵着倩倩的手,与她一起走在海滩上。随着海浪一浪一浪地扑过来,倩倩的手心沁出来了细密的汗。海涛笑着,说:“你看看,你老公的名字就叫海涛,你居然这么怕水。每天我带你去游泳吧,其实没什么可怕的。我是业余游泳的冠军,一定能保护你的安全。”倩倩吓得连连摆手,说:“我就在岸边晒晒太阳,等着你吧。”海涛狡黠地笑了,暗暗下决心一定要把倩倩怕水的毛病治好。当天晚上,他们入住的总统套房里为他们准备了玫瑰花浴。在柔和的灯光下,倩倩与海涛一起享受洗浴的快乐。海涛突然端起事先准备好的一盆温水,对着倩倩迎头浇下。倩倩一声尖叫,脸色惨白,甚至因为惊慌而逃出浴缸,摔倒在地。海涛被吓坏了,他没想到自己的恶作剧会有如此严重的后果,赶紧检查倩倩的伤势。还好,只是扭了脚,没有严重受伤。海涛追悔莫及,赶紧向倩倩赔不是,倩倩

含泪着说:“我以为我要死了。”等到恢复平静,倩倩才向海涛讲述了她怕水的原因。原来,倩倩小时候经历过一次洪灾,当时她被水流冲走了,在水里沉沉浮浮,几次差点窒息而死,后来幸好被解放军的冲锋艇发现,才获救了。

听到倩倩的经历,海涛恍然大悟:“你怎么不早点告诉我,你居然经历过这样的苦难。”倩倩苦笑着说:“我想要把这件事永远埋在心底,再也不去回首。那次,我失去了家人,变成了孤儿。从此之后,我连洗脸都不会用很多水,我怕水。”海涛温柔地搂着倩倩说:“放心吧,有我在,以后我就是你的保护神。以后,我不会再强迫你接近水了。”

在这个事例中,倩倩对于水深入骨髓的恐惧,就是因为幼年时期遭遇的洪灾。洪水不但给她带来了肉体的痛苦,也给她带来了精神上的严重创伤。失去双亲,这是比肉体的痛苦更加难以磨灭的永恒伤害。在得知倩倩怕水的缘由后,海涛也一定不会再强迫倩倩接近水了。其实,海涛的思路是没有错的,因为恐惧并不会因为逃避就消失。只有直面恐惧,才能最终冲破心中的桎梏。如果能够事先了解倩倩怕水的原因,再把握好合适的度让倩倩接受水,则一切就不会这么让人意外和惊吓。

恐惧虽然是一种心理体验,但是因其非常强烈,所以也会引起人们身体上的变化。曾经有个在冷库工作的工人,因为工友的疏忽被锁在冷库里,一夜之后,工友们发现他已经被冻死了,而更让人们惊讶的是,当天晚上冷库其实并没有制冷,已经断电了。然而,他死时的情状完全符合冻死的特征,这实际上是极度的恐惧导致他的身体发生了相应的变化。由此可见,恐惧的力量有多么强大。

心理小贴士:

了解恐惧发生的原因之后,我们就能够从根本上消除恐惧的原因。恐惧是一种心理障碍,如果通过自身的力量不能成功战胜或者消除恐惧,我们还可以借助于现在先进的医学手段,让恐惧烟消云散。需要注意的是,一味地躲避并不能消除恐惧,唯有坚强勇敢地面对恐惧,战胜自我,才能真正战胜恐惧。

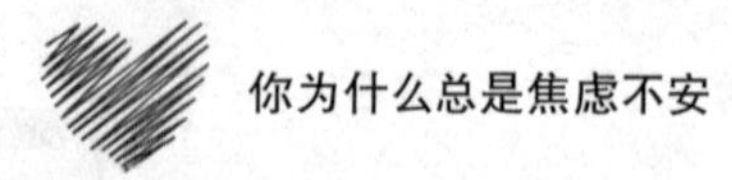

胆小畏缩,只会让人生更糟糕

在遭遇人生的困境或者磨难时,有些人选择勇敢直面,无论遭到多大的困难,都勇往直前。他们不能停下来,因为停下来意味着失败。与他们恰恰相反,因为恐惧,有些人选择裹足不前,有些人选择一味逃避,有些人则选择退缩。在很多情况下,困难既是障碍,一旦逾越,就能帮助我们拔高人生的高度,让我们的人生在超越现状的基础上取得质的飞跃。遗憾的是,很多人都无法坦然接受这样的挑战,他们总是因为未知的未来而胆战心惊,恨不得一切都在自己的把握之中才能心安。也由于患得患失的心态,他们变得胆小甚微,根本不知道如何前进。对于这样的人生,必然因为犹豫不决错失更多的机会,人生也会变得糟糕。

麦当劳兄弟的快餐厅生意异常火爆,他们向专门为美国芝加哥地区供应搅拌机和一次性纸杯的推销商——可雷可订购了大量的纸杯,还一次性地购买了八台搅拌机。要知道,这在当时可是一笔大生意,因而可雷可特意观察了麦当劳兄弟餐厅的生意,发现他们果真顾客盈门,生意火爆……思来想去,可雷可产生了一个疯狂的想法:面对如此千载难逢的好机会,他决定以出让自己公司一半股份的方式加盟麦当劳兄弟餐厅,而且还承诺把餐厅5%的营业额回报给麦当劳兄弟。得知他这个想法,家人和爱人都觉得太疯狂了,毕竟未来经营的状况是不可预估的。然而,可雷可心意已决,他知道一旦获得成功,自己的人生就将飞跃巅峰。

因此,他义无反顾地与麦当劳兄弟谈合作的相关事宜,并且很快与他们成功签约。就这样,麦当劳的餐饮招聘成功树立了,很快成为餐饮界的主力军。麦当劳餐饮在可雷可的带领下,从最初的几家小店,到 1960 年发展成为 280 家颇具规模的餐饮连锁企业。就这样,作为麦当劳第二代掌门人,可雷可成功成为当时世界上首屈一指的大富翁。

没有人知道何时是人生的关键时刻。我们唯一能做的,就是把握好眼

前转瞬即逝的机会,毫不犹豫地抓住它,而不要眼睁睁地看着它从我们的眼前溜走。试想一下,假如可雷可在面对巨大的商机时,如果瞻前顾后,最终选择放弃加盟麦当劳公司,那么他后来的人生一定不会如此。的确就是这样,很多时改变我们人生轨迹的甚至不是那些重大的事件,而只是某个不起眼的时刻。在这种情况下,我们唯有抓住每一个机会,才能最大限度地改变命运。

一个成功的人,往往具备果敢决断的品质。细心的人会发现,大多数优柔寡断、瞻前顾后的人,很难抓住千载难逢的好机会,而且还会因为延误导致措施时机。我们需要知道,危机既代表着不可预知的未来,也代表着巨大的成功。每一个能够战胜危机抓住机遇的人,都能够成就属于自己的人生。很多人不相信人生有奇迹,这样的人永远也不可能创造人生的奇迹,因为他们不信。而只有心里揣着奇迹的人,才可能真的拥有人生的奇迹,因为奇迹就在他们的心中。

心理小贴士:

现代社会,已经不适合明哲保身的人生存。如今,在瞬息万变的信息时代,很多机遇就隐藏在纷繁芜杂的信息之中。有些人不管遇到什么事情都事不关己高高挂在,殊不知,机遇随时都有可能到来。如果你没有做好准备,机遇又怎么会青睐于你呢!聪明的人知道,与其把时间用于抱怨,不如多多尝试。获得成功的唯一途径,就是勇往直前,全力以赴。

勇敢向前,你才能走出现在的困境

没有任何人的人生会是一帆风顺的,当遭遇困境时,我们唯有勇敢地向前奔跑,才能成功突破人生的藩篱,让自己奔跑在更为广阔的天地。遗憾的是,总有些人过于怯懦,他们不管遇到多么大的困难,都会为此裹足不前。难道战胜困难真的那么难吗?其实,禁锢你的是你的心,而不是那个不值得一提的困难。

内心软弱的人很难获得成功，只有坚强，才能让人们不管身处困境还是逆境，都不忘初心地勇往直前。坚强，不仅是一种源自内心的坚持，更是一种柔韧的品质。坚强的人，总是能够战胜心底的恐惧，不管面对多么大的困难，都坚持不放弃。生命中的很多机遇，都会伴随着危机和困难接踵而至。因此，当你面对困难知难而退，你也就放弃了成功的机会。这就像是小马过河，在不知道河水多深的情况下，只能靠着自己摸索。人生，也是如此。每个人的人生都是不可复制的。我们可以向先辈们请教经验，但是却不能照搬和套用先辈们的经验。时代在向前，万事万物都处于瞬息万变之中，我们只有根据自身的情况，顺应时事做出最恰到好处的选择，才能更加接近于成功。

如今，看到充满自信的亨利，你一定很难想象他曾经是一个自卑怯懦的人。当你看到亨利作为资深律师在法庭上慷慨陈词时，你更无法想象他曾经患有严重的口吃。

亨利出生在一个贫穷的家庭，他的父亲是个裁缝，靠着给富人做衣服才能勉强维持生计。他的母亲是个洗衣工，专门给有钱人家洗衣服，缝缝补补。每到寒冷的冬天，亨利为了帮助家里节约开支，不得不挎着一个破破烂烂的篮子，四处寻找散落的煤块。因此，亨利感到很难为情，他最害怕的就是被同学们看到，遭到同学们的嘲笑。

有一天，正当亨利专心致志地找零散的煤块时，成群结队的同学们看到了他，全都无情地嘲笑他。亨利觉得难堪极了，惊慌之中丢掉了破篮子，一个人不顾一切、泪流满面地跑回家。从此以后，他更加自卑、沉默，生活似乎像黑漆漆的煤块一样了无颜色。

一个偶然的机会，亨利读到了一本关于奋斗的书。书中的主人公虽然历经艰辛，备受生活的折磨，但是从未放弃对生活的希望，直到坚强地经历完人生的所有不幸。亨利对主人公的遭遇感同身受，甚至想到了自己。他暗暗想道，假如我也能够这样坚强勇敢，人生一定也会变得与众不同。从此之后，亨利暗暗发誓一定要昂首挺胸，不再畏缩。在又一次提着篮子去给家里捡煤块时，亨利又遇到了那些嘲笑他的同学们。这次，他没有仓皇而逃，而是迎着他们勇敢地走上去。就这样，亨利成功了，他打败了那些孩子们，

也找回了自己的尊严。从此以后,亨利奋发苦读,一鼓作气,在战胜内心恐惧的同时,也彻底改变了自己命运的轨迹。

亨利是个穷苦人家的孩子,这样的孩子因为从小就遭到他人的嘲笑挖苦和讽刺,因而总是有些胆小怯懦,甚至非常自卑、亨利也是如此。幸好,他读到了一本能够启迪他心智的书,才能够破釜沉舟,为了自己的命运奋力一搏。他战胜了内心的恐惧,也赢得了成功的人生。

很多人喜欢看美国大片,因为其中的主人公就像拥有无穷无尽的力量,总是能够与邪恶势力奋战到最后一刻。从这些千篇一律的结局中,我们不难领悟一个真理,即成功永远属于永不放弃、勇往直前的人。因此,我们也要改掉犹豫不决的坏毛病,不管面对的是危机还是机遇,我们要毫不犹豫地冲上前去。很多事情不尝试怎么知道结局呢,如果不切切实实地去做,我们就会永远毫无收获。宁愿当一个错误连连的行动派,也不要当一个只说不做的空想家。

心理小贴士:

在怯懦的人心中,总觉得命运是残酷的,敌人是强大的。因此,他们总是心怀畏惧,从不敢马上展开行动,也因为思虑过多变得瞻前顾后,失去了当即行动的果敢和勇气。在这个世界上,有的人意志坚强如同钢铁,有的人意志薄弱如同懦夫。在任何时候,等待不会让我们获得柳暗花明,只有马上行动才能帮助我们争取更多的生机。从现在开始,行动起来吧!

突破自我,我们才能彻底摆脱束缚

在日常生活和工作中,如果一个人活得过于小心,就很难找到出路。就像契科夫笔下的套中人一样,胆小甚微、满心恐惧的人,总是时刻把自己装在一个套子里,根本不敢坦然面对自己的人生,更别说接受和拥抱这个瞬息万变、充满刺激的世界了。

细心的人会发现,在生活中的很多时候,即使面对同样的困境,不同的人也往往有不同的命运。这是为什么呢？究其原因，无非是因为人的脾气秉性和对待生命的态度截然不同而导致的。例如，原本还很乐观的境况，在悲观的人心里，也许就是绝境。即使是很悲观的境况，投射到乐观的人心里，也许就充满生机。因此，禁锢我们的并非客观的存在，而在很大程度上是我们的内心。每个人唯有突破自我的束缚，才能真正自由地飞翔。

有个年纪很大的老妈妈，住在镇子里一个偏僻的地方。她有两个女儿，都在镇子上热闹繁华的街道做生意。大女儿是卖伞的，二女儿是卖鞋的。每当遇到阴天下雨的天气，老妈妈就非常担忧地说："这么恶劣的天气，还有谁会买鞋呢，我的二女儿啊，一定生意冷清。"每当遇到晴朗的天气，老妈妈依然满怀担忧，郁郁寡欢地说："今天艳阳高照，谁会想起来买伞呢！我的大女儿啊，一定入不敷出，凄凄惨惨。"因此，不管是艳阳高照还是风雨交加，老妈妈都愁眉苦脸，为女儿们的生意担忧。这时，邻居说："老妈妈，你为什么不能反过来想呢！如果下雨，你大女儿的伞就会卖得很火爆；如果晴天，你二女儿的鞋子又会热销。不管什么样的天气，你的女儿们都是轮流赚钱的，这应该值得高兴啊！"邻居一语点醒梦中人，从此，老妈妈每天都高高兴兴的。

在这个事例中，老妈妈之所以愁眉苦脸，就是因为担心两个女儿的生意。因为她总是从悲观的角度看待问题，所以老妈妈整日都很担忧。但是在邻居的点拨下，她改变角度重新看待问题，调整了心态，就总是高高兴兴的了。虽然这个故事的道理很简单，但是却广泛适用于生活。

马丁和杰克结伴横渡撒哈拉沙漠，因为带的水喝完了，再加上太阳灼热，杰克中暑了，不能继续往前走。马丁当仁不让，主动提出要去找水，还要寻求救援。为了找到水之后能及时找到杰克，马丁特意留下了随身携带的手枪，并且告诉杰克："你每隔两个小时就对空鸣枪，这样我才能确定你的方位。记住，这里有六颗子弹，不要浪费。"说完，马丁就出发了。

杰克头昏脑涨地躺在马丁为他搭建的临时避难所，难熬的时间里，他内心充满焦虑和恐惧，生怕自己最终会变成沙漠里的木乃伊。眼看着他已经打了五颗子弹，现在枪里只剩下一颗子弹了。他很担心，不知道是应该继续对空鸣枪，还是把这颗子弹留给自己结束生命。他甚至因为极度恐惧，觉得

马丁肯定不会回来了,也不可能找到水。眼看着夜深了,如果遇到狼群的袭击怎么办?奄奄一息的杰克心乱如麻,最终,他选择了结束自己的生命。没过多久,马丁带着一整罐清水回来了,他迫不及待地想要告诉马丁他找到了“驼队”,却在看到了杰克的尸体。

在这个事例中,杰克死于自己的心魔。他缺乏不到最后一刻不放弃的勇气,最终居然主动结束了生命。实际上,只要我们心中怀着坚定不移的信念,奇迹就有可能发生。遗憾的是,杰克最终没有突破自己的心魔。

在生命中,几乎每个人都曾感受过恐惧的吞噬。然而,强者翻山越岭,最终成功登顶,弱者却只会暗自叹息,犹豫不定,最终被囚禁在心中的樊笼中,再也难以获得自由。

心理小贴士:

面对畏惧,你是选择勇往直前,还是选择畏缩不前?勇往直前,你的人生会更加开阔,畏缩不前,你只会被囚禁在自己的心里,人生再无任何希望而言。胆怯就像是一副枷锁,沉重地套在我们的心上,不但让我们的心无法自由地飞翔,也让我们的行动受到极大的限制。唯有勇敢地相信自己,我们才可能拥有美好的人生。

希望,是人生永远的引航灯

希望之于人生,就像是灯塔之于在茫茫大海上航行的船只,永远指明方向。尤其是在海面风起云涌、雾气弥漫的时候,灯塔的作用就更加凸显出来。因此,有海的岸边,一边会有灯塔的指引。正如人生,如果没有希望,就会变得像没头苍蝇一样,误打误撞却无法到达目的地。

在希望的指引下,人们会勇往直前,目标专一,即使遭遇一些坎坷挫折,也能更顺利地渡过难关。相反,如果一个人没有希望的指引,在前进的道路上一定会更多地关注那些坎坷和荆棘,最终被扰乱心神,无法全心全意。这就是希望的力量,它不但为我们指明方向,也助我们披荆斩棘。

乔恩的家非常贫穷，他的父亲是个渔民。然而，最近海上气候变化无常，经常时而风平浪静，时而狂风大作，父亲在一次出海时，居然遭遇飓风，导致家里唯一的小船支离破碎。父亲好不容易才凭着坚强的信念上了岸，挣扎着回到家里以后就病倒了。这时，债主们也纷纷闻讯赶来，向乔恩的母亲逼债。看着病得昏昏沉沉的父亲，和家里好几个年幼的孩子，母亲整日以泪洗面，却无计可施。乔恩思来想去，决定奋力一搏。他为自己煮了一碗浓浓的姜茶一口气喝了下去，甚至还喝了几口父亲的烈酒，就义无反顾地走出家门。

来到寒风凛冽的海边，乔恩大义凌然地脱掉衣服，光着身子背着两个鱼篓冲进了海里。原来，乔恩想要捕捉一种喜欢温暖的鱼。既然没有船了，他就要用自己的体温当诱饵。果然，当乔恩被冰冷的海水冻得牙齿直响时，那些小鱼开始横冲直撞地向乔恩游过来。因为温暖的所在，乔恩的腋窝、腿弯和柔软的腹部，全都聚集着这些珍贵的小鱼。他赶紧用双手摸鱼装进鱼篓，心中燃起了无尽的希望。就这样，乔恩卖掉了所有的鱼，而且在此后的很多天里都用这种方法捕鱼。不但偿还了债务，还为父亲治好了病。看到母亲泪眼婆娑的样子，乔恩一本正经地说："妈妈，只要有希望，我们就能活下去。"

还是少年的乔恩，就凭着心中的希望和信念，扛起了家庭的重任。因为心中的希望，他才能在姜茶和烈酒的支撑下，在寒冷刺骨的寒潮中走入冰冷的海水里，为家人捕鱼。这样勇敢的行为，没有很大的希望，是不可能实现的。实际上，不管你是出身贫穷还是出身富贵，没有任何人生是一帆风顺的。换言之，过于平坦的人生也必然缺乏分量。民间有句俗话，叫穷人的孩子早当家。乔恩就是这样的穷苦孩子，他虽然过早地肩负起重任，也历练了自己。朋友们，你们是否也曾抱怨命运的捉弄和不公呢！与其抱怨，不如从现在开始就努力肩负起责任，让自己变得更加强大。任何时候，我们都要记住，只要心中有希望之火在熊熊燃烧，我们的人生就不会迷失方向。

人生就像是在大海里逆水行舟，风平浪静时容易，风雨交加时更显艰难。而无论如何，我们都应该保持希望之心，这样才能冲破重重阻碍，为自己赢得新生的力量。

心理小贴士:

在生活中,很多人喜欢抱怨,把一切遇到的苦难都归于命运的不公平。其实,这个世界上根本就没有绝对的公平,失败和成功也并非是命中注定的。任何时候,我们只有不屈服于命运的安排,只有奋起反击,才能在遭遇困难时,鼓起信心和勇气,勇往直前。

丑小鸭也有春天,美来自你的内心

在这个全民减肥的时代,还有几个人觉得自己是个瘦子,又有几个人觉得自己不胖不瘦刚刚好呢?至于隆鼻、隆胸、美白等,就更不用说了,简直市场空间巨大。难道人们一夜之间都丑陋得必须美容不可了吗?实际上并非如此,并不是人们长得丑了,而是人们对于美的追求越来越迫切,也更加奢求完美。殊不知,在这个世界上根本没有真正的完美,一切的完美只在于我们的内心。如果你觉得自己身材不好,长得不漂亮,那么你就会为此自卑,也就无法做到自信美丽。与此恰恰相反,如果你觉得自己很美丽,时时刻刻都充满自信,那么你一定能够变得与众不同。

还记得安徒生笔下的丑小鸭吗?那个胆小怯懦的丑小鸭,在经历人生的低谷之后,最终蜕变为美丽的白天鹅。在每个自以为丑的人心里,一定都有着一个丑小鸭的梦想吧。实际上,决定你能否变得美丽的,并非是外界的环境,而是你的内心。

作为一个命运坎坷的女人,马云简直尝遍了人世间的辛苦,但是她却从未放弃过生活的希望。早在十几岁的时候,马云就被贫穷的父母以换亲的方式,嫁给了一个傻乎乎的二十几岁的男人。当然,这个男人的妹妹也在同一天嫁给了马云的哥哥。因此,马云流着眼泪,虽然百般不愿意,却无奈地接受了命运的安排。以后的日子,对于马云而言简直就是人间地狱。她不止一次被男人毒打,常常遍体鳞伤。直到时间又过去几年,马云长大了,独自从公公肩膀上接过生活的重担,承包了一片荒山。痴痴傻傻的男人非但帮不上忙，还在荒山的树林渐渐有了规模之际，在混沌中放了一把火，烧毁了马云几年的心血。为了救火，马云原本俏丽的脸庞上留下了一道长长的疤痕。从此以后，马云沉默寡言，觉得人生毫无希望。如此一年多之后，马云经过休养生息，渐渐恢复元气，又开始种植荒山。看着春雨过后漫山遍野的新绿，她暗暗地想：我一定要活出个人样来！

在公公的大力支持下，马云的荒山终于遍布绿色，她种下的木材成材之后，销往全国各地。有着初中文化的马云，还自学了很多树木种植的书，并且开展全方位养殖，喂养野猪、野鸡等。这样，仅仅一年之后，马云的荒山就遍地是宝了。她喂养的野猪、野鸡都高价卖给那些慕名而来的有钱人，还有很多高档饭店与她长期订货。如今，马云自己辛勤的付出，改变了命运。扬眉吐气的她虽然依然要面对痴痴傻傻的丈夫，但是生活却充满了希望。

在这个事例中，马云的命运无疑经受了很多挫折。为了改变自己的命运，马云做出了很多的努力。终于，在遭受无数的坎坷之后，她终于迎来了自己生命的春天。其实，有很多人生都是遍布挫折的。作为丑小鸭，我们只有坚持不懈、持之以恒，才能最终改变命运，得到命运的青睐。

很多人骄傲自满，因为他们只看到自己的优点和长处。这当然是不好的，因为骄傲的人肯定缺乏谦虚的品质。与此恰恰相反，很多人则总是盯着自己的短处和缺点，因为盲目自卑。其实，这样也是不对的。人生既不能自满，也不能自卑。只有不卑不亢，坚定不移地走属于自己的人生之路，才能活出属于自己的精彩。尤其是现代社会，盲目地觉得自己哪里都丑，每个器官都需要整容，又怎么可能拥有自信呢?！所谓“尺有所短，寸有所长”。我们只有更加客观地对待和评价自己，才能发挥自己的长处，弥补自己的短处，让自己从丑小鸭真正蜕变成白天鹅。

心理小贴士：

虽然外表的美能够给人以美的视觉享受，但是只有内在的美才是更长远的，更让人钦佩和赞赏的。如果我们为了盲目追求外表的美，而忽视了对自身素养的提高，那么心灵就会渐渐变得干涸，也就无法从容地面对自己的内心。总之，真正的完美是不存在的，我们应该扬长避短，这样才能获得幸福和快乐。

当一朵太阳花,始终向阳而生

在世界上,太阳是最温暖和光明的所在。因此,很多自然界里的植物都有向阳的习性,最典型的代表莫过于向阳花,也就是向日葵的花朵。在整整一天的时间里,只要有太阳的存在,她的花盘就始终面对着太阳。如果我们也能像一朵朵向阳花一样,不管身处何种境遇,都始终心向太阳,那么我们的人生一定会多几分希望,少几分凄苦。

在现实生活中,没有任何人的一生会始终一帆风顺。要想避免被心中的风雨侵袭,我们必须胸怀太阳。在很多情况下,人们对于生命的感受取决于自己的内心。正如有句俗语所说"有情饮水饱"。倘若两个相爱的人在一起,粗茶淡饭也会觉得快乐满足。相反,倘若两个没有爱的人在一起生活,即使锦衣玉食,也会觉得寡然无味。由此可见,我们只有心中怀着幸福,才能更多地感受到幸福。

1980年,海伦出生。当时,她是一个健康快乐的小婴儿,享受着父母无微不至的爱与照顾。然而,如此健全的人生仅度过了十九个月,海伦就在一场突如其来的猩红热中,失去了听力和视力,从此自己完全生活在黑暗的无声世界中。因为听不到任何声音,她的世界从此关闭了,导致她也失去了语言能力。对于一个一岁半的幼儿来说,这几乎是灭顶之灾。家人感到非常伤心,但是海伦的父母没有放弃希望。等到海伦到了学习的年纪,他们特意聘请安妮·苏利文小姐当海伦的家庭教师。就这样,七岁的海伦开始接受系统的正式教育。在安妮的耐心教导下,她居然用几年的时间学会了说话,还能独立读书。这样一来,海伦的世界再次打开,她与外界产生了交流和沟通。后来,海伦更是凭借顽强的毅力,学会了五种语言,并且读了大量的书籍。后来,海伦凭借自身的努力考上大学,努力提升自己。从二十四岁大学毕业的六十多年里,海伦到处演讲,用自己的切身经历鼓舞那些迷惘的青年,而且还坚持写作,把自己的人生感悟与人们分享。不但如此,她还竭尽全力地为聋哑人的教育谋求福利，争取让更多和她一样的聋哑人得到更好的教育和照顾。因为海伦的巨大影响力，所以联合国于 1959 年发起了“海伦·凯勒”的世界运动。

对于海伦一生的传奇经历，曾经有很多人都进行了深入的研究。当然，海伦的成功离不开安妮的苦心栽培，但是如果海伦本人放弃希望，只怕安妮再用心也难有成效。对于安妮，很多人都赞美其是“海伦的另一半”。她不但承担了教育和引导海伦的角色，在生活上也无微不至地照顾海伦。如果说海伦是一朵向阳花，那么安妮则是默默陪伴海伦的绿叶，不停地为海伦供给养分，帮助海伦更好地接近阳光，吸取能量。

快乐，理应成为生活的常态，而不是生活的点缀。很多人之所以整日抱怨，并非生活给予他们的太少，而是因为他们奢求的太多。当我们能够坦然接受命运的一切赐予，从而坦荡地奔向人生的目标时，我们就会感受到更多的快乐，也会感受到阳光和温暖。

想想海伦的一生，如此严重残缺的生命，海伦却活出了属于自己的精彩，我们作为健全人还有什么可抱怨的呢！只要我们心中怀着太阳，我们的人生就永远不会阴云遮蔽；只要我们心中怀着太阳，我们就永远不会失去人生的方向。

心理小贴士：

人生不如意十之八九，面对一个没有脚的人，我们还能因为没有鞋子而抱怨和哭泣吗？当我们挪开目光，不再紧紧盯着那些生活中的不如意，相信我们一定会变得更加快乐，也能够切实感受到阳光投射在身体上的温暖舒适。在任何情况下，只要生命之花顽强绽放，我们就没有理由放弃希望。从现在开始，就让我们成为一朵真正的向阳花吧！

现实并不可怕，你只要消除畏惧

大部分人对于未知感到恐惧，因为那种毫无把握的感觉让人抓狂。而

当生活不如意时，更多的人就会对现实感到恐惧，甚至想要迫不及待地逃离。只要一息尚存，能逃到哪里呢？对于生命的万般不如意，除了怯懦的人选择结束生命之外，所有人最终的解决之道只能是面对。逃避只是短暂的遗忘，只有面对才能得到彻底的解脱。而生活又偏偏如此状况百出，甚至有时根本不给人喘息的机会。在这种情况下，我们必须勇敢面对现实，否则一定会被现实逼迫得无法喘息。

每个人都会感到恐惧，尤其是当生活让人无法招架时。有的时候，生活会一帆风顺，风和日丽，让人简直得意忘形。然而，有的时候，生活就像一辆有着巨大车轮的车“轰隆隆”地碾过，大有恨不得毁灭一切的气势。面对此情此景，你是不是感到非常害怕？其实，现实远远不像我们想象中的那么可怕。既然现实是无处可逃的，我们只有迎头赶上直接面对。如此心意坚决，你就能心无旁骛，无所畏惧。当我们想好最坏的结果，也就不会再患得患失，因为最坏的结果不过如此，而且还有可能比最好的结果好很多呢！

曾经，有一位著名的心理学家进行过一项心理实验。在实验展开时，他带领学生们来到一间漆黑的屋子里，引导学生们走到屋子的对面。等到学生们全都安全到达对面之后，他打开房间里一盏昏暗的灯，让学生们看看来时的路。这一看之下，学生们全都情不自禁地倒吸口冷气。原来，在他们刚才经过的地方，有一个非常大的深坑，里面全都是吐着红信子的毒蛇，正在翘首以望。而他们所谓的顺次经过，只是因为屋子正中间只有一条非常狭窄的小桥架在深坑上面，他们刚才正是鱼贯走过了这个小桥，如果稍有偏颇，脚下一歪，就会成为毒蛇的美食。

心理学家问面色骇然的学生们：“你们已经看到了屋子里的情况，现在，还有谁愿意从桥上通过呢？”学生们面面相觑，谁也不敢主动请缨。过了足足几分钟，才有一个学生表示愿意再次尝试。但是他刚刚走到桥上，就不由自主地往脚下看，变得胆战心惊，为了避免坠桥，不得不趴下身体从桥上爬过。看到此情此景，在场的学生们也都为他捏了一把汗，大家全都鸦雀无声，连大气都不敢出。好不容易等到这个学生爬着过了桥，心理学家又打开了好几盏灯，如此一来，屋内一下亮白如昼，学生们清晰地看到深坑上原来是一层有机玻璃的。然而，即便如此，面对心理学家的询问，依然没有几个学生愿意过桥。他们不停地问心理学家:“这个玻璃真的足够结实吗?”“这个玻璃能承受人体的重量吗?”“这个玻璃是钢化玻璃呢?”心理学家笑着说:“你们知道自己为什么不敢过桥吗? 其实这座桥根本没有任何危险,你们只是惧怕桥下的毒蛇。如果你们能够正视现实,毒蛇也就不足为惧了。”

在这个心理学试验中,桥下的毒蛇恰恰如同人们心中的恐惧,随时随地都吐着血红的信子准备吞噬猎物。实际上,我们之所以对现实感到害怕,正是因为心中的这些毒蛇。倘若我们能够战胜内心的恐惧,面对现实,那么现实就会变得理所当然,因此很多发生的事情同样是无可避免的。既然无论我们以怎样的心态面对都无法改变结果,我们还有什么理由害怕和逃避呢!

所谓“既来之,则安之,”人生也是如此。对于一切出现在我们生命中的人和事,都是合理的,我们理应坦然接受。每个人都渴望着成功,然后成功的道路总是布满荆棘,遍布泥泞。如果我们一味地盯着这些困难和障碍,那么通往成功的路就会变得更加艰难。与此相反,如果我们在追求成功的过程中一直奔向既定的目标,就会忽略那些艰难险阻,从而也让自己心无旁骛,以便更快地到达成功的彼岸。

心理小贴士:

从心理学的角度来说,每个人的心底里都有恐惧。唯一不同的在于,弱者屈服于恐惧,强者凭借实力和百折不挠的精神,勇敢地践踏恐惧。任何时候,我们都要勇敢地战胜心底里的怯懦,否则一旦成为怯懦的奴隶,就会导致我们时时刻刻受到羁绊,在大风大浪的人生中随波逐流。就像孙悟空去向龙王借“定海神针”一样,在波澜壮阔的大海上,我们唯有内心安定,才可能更加从容地欣赏瑰丽的人生景色。

忘却,是智者才有的生活态度

在人类历史上,我们需要铭记很多东西,诸如中华民族曾经遭遇的创伤、屈辱和苦难。人也是如此,在不断成长和遭受磨难的过程中,总要记住

很多东西,这样才能更好地总结过去,面对未来。然而,凡事皆有度,如果一味地记住,也是不行的。归根结底,我们还要学会忘却。这就像是爬山,如果你总是不停地捡起那些嶙峋怪石背在身上,那么不管你多么有力量,也终会觉得气喘吁吁。人生恰如登顶,真正聪明的人不会背上所有的石头前行,而是会适当地舍弃。总之,人的欲望是无限的,人的力量是有限的,那么我们继续学会取舍,才能用有限的力量做最大的努力。因此,智者总会遗忘那些曾经的苦难。唯有如此,他们才能不被悲伤压垮,才能继续一往无前地进发。

很多人的心里都藏着深深的恐惧,或者是对过去悲惨经历的难以忘却,或者是对未知的害怕……不管何种原因,这些恐惧都会成为人生的负累,导致人生无法轻装上阵。实际上,事情一旦发生就无法更改,我们唯一能做的就是尽力弥补,或者鼓起勇气重头再来。在强者的人生字典里,这些坎坷和挫折就像是加油站,帮助他们总结经验和教训,更加明智。对于弱者而言,这些苦难则像是无法逾越的障碍,永远横亘在他们的心里。殊不知,当你一味地沉浸在悲伤的气氛中不知如何自拔,你只会错失更多的机会和机遇。也因为人生负重前行,因而导致未来更加坎坷和挫折。既然如此,为何不让自己轻松一些呢!只需要适当地忘却,你就可以做到轻松前行。

自从经历了在唐山大地震中失去亲人也险些失去生命的痛苦,艾琳就一直生活在极度的恐惧中。虽然政府给她找了一家很好的家庭,养父母也都非常疼爱她,但是她却始终心有余悸,经常半夜从睡梦中哭着醒来。为了帮助艾琳走出苦难的阴影,养父母想了很多办法,都没有什么效果。就这样,艾琳战战兢兢地读完大学,开始工作,她总是愁眉苦脸,眼睛里藏着无限的心事。

毕业几年之后,艾琳恋爱了。她的男友是一个非常阳光的大男孩,每当看到艾琳愁眉不展、满腹忧愁的样子,他总是很心疼。和养父母一样,男友也想帮助艾琳走出地震的阴影。毕竟,地震已经过去十几年了,也该淡忘了。有一个周末,男友带着艾琳去爬山。这是一座非常陡峭的山峰,很多时都要手脚并用。艾琳爬到半山腰抬头看向山顶,不由得瑟瑟发抖地说:“我可不想九死一生的这条命,今天丢在这里啊!”男友鼓励艾琳:“这座山看起来陡峭，实际上爬起来并没有那么陡。你只要眼睛盯着脚下，一鼓作气地往上爬，很快就会到达山顶的。”艾琳依然很犹豫，男友继续鼓励她：“放心吧，你在前面，我在后面，我就是你的垫脚石。”看到男友坚定不移的眼神，艾琳只好硬着头皮继续往上爬。一个多小时后，艾琳果然气喘吁吁地爬到了山顶。看着她如释重负地微笑，男友趁机说道：“亲爱的，我觉得有些事情你该学会遗忘。就像爬山，如果你背着沉重的负担，就很难顺利登顶。而遗忘，则会让你在人生的道路上更加轻松。遗忘，不是背叛，而是为了亲人更好地活着，我想这也是他们的愿望，你说呢？”艾琳迎着山风站立，任由风吹乱她的头发，自己仍然陷入沉思之中：是啊，逝者已矣，生者如斯。如果爸妈还在，一定不愿意看到历经辛苦才长大的她这么不快乐！从此以后，艾琳就像是变了一个人，她再也不是那个唐山大地震的幸存者，而是一个努力想为自己、为爸爸妈妈、为养父养母活出精彩的幸福女孩！

在这个事例中，艾琳因为在地震中失去亲生父母，而后又被养父母收养，因此身体和心理遭受了双重创伤，始终沉浸在悲痛之中难以自拔。幸好，她遇到了积极乐观的男友，意识到一切事情终将过去，自己也应该为了所有的亲人更加努力地活好。所以，艾琳变得积极乐观，不再郁郁寡欢。想必在未来的人生之路上，她也能够轻装上阵，勇往直前。

如果人们不学会忘却，最终就会被沉甸甸的记忆压得喘不过气来。虽然历史是不能忘记的，但是忘却是必须的。人生恰如一场旅行，如果背负着过多的行囊，必然影响行进的速度。只有轻装上阵，才能提高效率，步履轻盈。

心理小贴士：

没有一个人不曾遭遇过苦难，只不过每个人的苦难各不相同而已。从某种意义上说，苦难是我们人生的必修课，只有从苦难中积累经验，提升自己，才能让我们未来的人生之路更加顺遂。需要注意的是，苦难应该成为人生的养分，而不是人生的累赘。在很多情况下，只要我们调整好情绪，积极乐观地面对苦难，就能化悲痛为力量，让生命汲取苦难的营养开出绚烂之花。

第三章

打开身心:减少一些欲望,焦虑自然消亡

欲望，是人生的一个又一个黑洞，具有无穷的能量,却也会在不知不觉中张开大口吞噬我们。因此,欲望对于我们有着双重的意义：一是适度的欲望能够激发我们的斗志,让我们奋起昂扬,为自己的人生勇敢拼搏,二是过度的欲望又会让我们陷入沉沦,不停地浮浮沉沉,甚至失去人生的的方向。因此,我们必须很好地控制欲望在合理的范围内,才能最大限度地减轻焦虑,消除焦虑,让人生春暖花开。

贪婪的心，让你永无休止劳碌不堪

现代社会物质极大丰富，人们也陷入欲望的沟壑，被欲望的洪流带领着浮浮沉沉，甚至失去人生的方向。在欲望极度膨胀的今天，人心也变得支离破碎，再也没有了单纯善良和纯粹美好。那么，这样被物质裹挟着的生活真是如你所愿吗？你是否也曾想要逃进深山，想过那种清心寡欲、日出而作、日落而息的生活。实际上，内心的浮躁并非是因为外界的吵吵嚷嚷造成的，而是因为我们的贪婪。

人的本性就是贪婪，人们总是想要拥有更多的金钱权势，想要住更大的房子，开更好的车……然而，在生命面前，这一切身外之物都是浮云。等到有朝一日你虽然腰缠万贯，却失去健康和青春，你才会意识到金钱权势是多么地苍白无力，然而，此时为时晚矣。与其等到不能挽回时再陷入无限的懊悔，不如从现在开始就豁达一些，努力成为欲望的主人，而不要当欲望的奴隶。唯有如此，我们才能从容地享受生活。

作为在艺术学院读书的大四学生，丽丽看起来简直像个贵妇人，而不是清纯简朴的学生。早在大一时，她就开始谈男朋友。因为自身家里条件不错，再加上男朋友是富二代，所以丽丽很快褪去青涩，成为班级里乃至全校最时髦的学生。

她几乎每天都在尝试不同的打扮，有的时候是清纯的学生风，有的时候是奢华的贵妇风，有的时候是知识女性的精明干练，有的时候是青春少女的妩媚多姿。总而言之，丽丽有很多华丽的服装，化妆品更是堆满了柜子。每当听到同学们艳羡的啧啧声，丽丽总是觉得非常满足。尤其是当走在校园里招引很多人瞩目时，她更是沾沾自喜。就这样，丽丽的欲望越来越膨胀，她不但要求男友为她买昂贵的衣服和化妆品，居然在这次生日的时候提出让男友送她一个 LV 的包包。尽管男友挥金如土，也未免觉得 LV 包对他们的学生身份而言太夸张，为此他拒绝了丽丽的请求。

一个偶然的机会，丽丽认识了一个社会上的成功男士。这个男士是一家上市公司的老总，家里有老婆，外面还有情人，但是却非常大方，居然送了一辆豪华跑车给丽丽。在重金的诱惑下，丽丽居然答应了这位男士的请求，开始与其交往，并且住进了他位于郊外的别墅。接下来的生活，丽丽更加一掷千金，当然，代价就是成为那位成功男士的“金丝雀”。眼看着大学毕业，很多同学都进入歌舞团、影视公司发展，丽丽却成为被圈养的小鸟儿，再也飞不起来了。

丽丽为了满足自己不断膨胀的欲望，最终选择放弃事业的发展，成为一个“金丝雀”，被富豪圈养起来。这样的结局未免让人扼腕叹息，因为人生最美好的年华也不过就是那么几年，岂是金钱可以估价的呢！这就是欲望的邪恶力量，让人们迷失本心，忘却初心，一味地只想不劳而获，只想待价而沽。

尤其是对于物质的欲望，简直就像是个无底深渊，如果不能合理控制自己的欲望，那么不管多少金钱和物质也无法填满这个大洞，甚至最终会让我们也无限沉沦下去。看看如今越来越繁荣火爆的奢侈品市场吧，我们就知道有多少人被欲望驱使。还记得《渔夫和金鱼》的故事吗？如果不是故事中的老太婆那么贪婪，也许他们就能摆脱悲惨的命运，住上豪华的房子，享用美味的食物，还有佣人贴心的伺候。然而，欲望就像一个肥皂泡，在老太婆不停地吹大这个肥皂泡之后，突然就破灭了。要想让欲望成全生活，我们就必须合理地控制欲望，使其保持在理智和清醒的状态之中。

心理小贴士：

在物欲横流的现代社会，你是欲望的主人，还是欲望的奴隶？在欲望面前，我们必须保持清醒的头脑，主宰自己的生活。否则，一旦我们随着欲望的洪流沉浮，我们的人生就会失去方向，变得迷惘。唯有摒弃欲望，我们才能清醒、轻松地行走在人生的道路上。

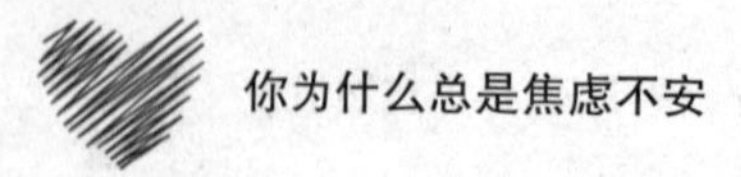

心安是归处，拒绝非分之想

在现代社会，有很多人都在奢望得到“非分”之福。有些工作稳定的人，偏偏想要利用业余时间搞点儿副业，为自己挣些外快，因此损害国家利益；有些家有贤妻的人，偏偏想要在外面还有柔情蜜意、体贴入微的情人，这样就能在外有浪漫的爱，回家有热乎乎的饭菜；有些人明明生活得很幸福，却总是抱怨自己不能随心所欲财务自由，因而心里七上八下不知所踪……这些人，都是有着非分之想且奢望得到非分之福的人。

细心的人都会发现，现代人们越来越浮躁，动不动就爆发争吵，彼此间恶语相向。尤其是在职场上，不安分的人更多，他们不但上蹿下跳地表现自己，还总是在背后说他人坏话，给他人下绊子。如此一来，职场就会被搅和得乌烟瘴气，简直没法工作。其实，不管是生活环境还是工作环境，都需要我们每个人竭力维护。在生活中，每个人都有自己的角色。在工作中，每个人也都应该各司其职。我们唯有拒绝非分之想，才能脚踏实地地工作和生活，从而享受从容淡定的乐趣。

作为一名律师，林刚可谓是人人羡慕。在妻子的精打细算之下，他们早早地就买了房子，如今不但住所稳定，有个温馨的家，而且林刚的事业最近也风生水起。眼看着已经三十八岁的林刚，远远不像大多数中年人那样憔悴不堪。反而，因为妻子的精心照顾，他比二十几岁的年轻人看着更加精明干练，精力充沛。

然而，妻子因为是全职太太，总是把全部的精心都放在林刚和孩子身上。每天除了接送孩子上学放学，就是问林刚几点下班，渐渐地林刚开始觉得妻子缺乏情趣了。恰巧在此时，律所分了一个刚刚毕业的大学生丝丝给林刚当助理，这个大学生年华正好，外向开朗，就像一股春风吹遍了整个律所。也许以丝丝的年纪和阅历看林刚这样的中年男性总觉得充满魅力吧，因此丝丝就开始对林刚表现出特殊的好感，总是以崇拜的眼神小鸟依人地

看着林刚。就这样,林刚回家的时间越来越晚,与妻子之间的互动也越来越少。刚开始时,林刚也想拒绝丝丝,因为他并不想让自己辛苦打拼来的这一切烟消云散。但是丝丝却说:“放心吧,我不会纠缠你的。咱们就当红颜知己吧。”在丝丝的再三保证下,林刚越来越松懈,最终在一起醉酒之后,对丝丝做了不该做的事情。如此一来,林刚真正实现了很多男人梦寐以求的“家里红旗不倒,外面彩旗飘飘”的日子。然而,他却叫苦不迭。家里,女儿和妻子都需要他的陪伴;外面,丝丝也总是抱怨林刚不陪他。从刚开始的享受,到后来的疲于奔命,林刚懊悔不已。然而,世界上没有不透风的墙。如此几个月之后,单位里流言满天飞,妻子最终也知道了这件事情,难免冲动地跑到律所大闹一场。如此一来,林刚颜面全失,不得不辞职一切重头开始,丝丝呢,也拿着林刚给的精神损失费去了另一个大城市。虽然妻子为了孩子暂时未与林刚离婚,勉强维持着家庭,但是对林刚再也没有了此前的温柔体贴和柔情蜜意。如今的林刚,每天下班回家都胆战心惊,生怕妻子揭他的伤疤,再爆发家庭战争。

如果不是因为贪欲,林刚原本应该感到非常满足了。遗憾的是,他非但没有好好地珍惜这个家庭,反而为了非分之想,禁受不住诱惑,与助理丝丝发生了婚外情。很多男人都渴望过上“家里红旗不倒,外面彩旗飘飘”的日子,但是真正过上这种神仙似的生活了,林刚才发现非常痛苦,因为简直想要把他撕裂了。最终,这种两头不落好,只落埋怨的日子,让他身败名裂,不但失去了工作,一切重头开始,也导致原本幸福美满的家庭生活变得冷冰冰的。

人,总是觉得得不到的才是最好的,殊不知,现有的握在手心里的,才是最好的。当我们因为虚无缥缈的非分之想失去握在手心里的幸福时,就会追悔莫及。要知道,人的欲望永远是无止境的。我们唯一正确的做法就是合理地控制欲望,而不是跟随欲望沉沦。

心理小贴士:

在被欲望控制之前,我们的当务之急就是摆脱欲望的纠缠。虽然我们不是最富有的,也不是最有权势的,但是只要我们合理掌控欲望,就能最大限度地享受生活的幸福和快乐。否则,当欲望之海泛滥,即便拥有得再无,也无法将其填满。对于每一个普通的人而言,最重要的就是心安,所谓心安是归处。只有拒绝非分之想,握紧手里的幸福,我们才能淡定从容。

功名利禄是让人不得清闲的祸首

每个人都有着无穷无尽的欲望,不但要讲究衣、食、住、行、吃、穿用度,还想要四处旅行尽享潇洒;不但要有稳定的工作拿着高昂的薪水,还想要四处旅行放松心情;不但想要有钱更想要有权,这样才能高高在上居高临下……总而言之,就像《渔夫与金鱼》中的老太婆一样,我们每个人都以为当自己的欲望得到满足之后,就会感到对生活满意,事实却是我们马上就会有新的欲望产生,最终导致自己再次陷入欲望的魔爪,被欲望驱使着前行。那么不妨设想一下,假如现在你的生命即将终止,你最需要的是什么呢?也许只是一杯清水,一张温暖舒适的床,甚至只是看一眼亲人,就足够了。如此一来,那些所谓的功名利禄,对你还有什么切实的意义呢?从本质上来说,对于生命,它们毫无意义。

因此,在生命终结之前,大多数人依然还是庸庸碌碌,每天忙着为功名利禄辛苦和付出。在生活中,更有许多人以功名利禄作为自己幸福的标准,升职了高兴,加薪了高兴,因为觉得这样可以使生活过得更好。殊不知,你整日忙碌没有时间陪伴孩子和家人的罪魁祸首,就是功名利禄。当你老了,有时间了,孩子却也已经长大了。当你老了,有时间了,父母也已经离开了人世,不需要探望了。这样的结局,未免让人感慨唏嘘。既然如此,为什么不趁着孩子还小,父母还健在的时候,抽出更多的时间来陪伴他们走一程人生之路呢!当我们能够真正地放下功名利禄,我们就获得了清闲。

作为国王的佣人,约翰非常快乐。他每天都跟随国王一起外出,伺候国王的出行,有时还会给国王赶车。不管做什么,他都快乐地唱着歌,看起来对现在的生活非常满意。有一次,国王纳闷地问他:“约翰,你为什么这么高兴?难道你没有烦恼吗?”约翰想了想,不以为然地说:“我怎么会有烦恼呢?我每天跟在您的身边,有吃有喝,有地方睡觉。最重要的是,我还可以陪着

您走南闯北，增长见识。这是多么好的日子啊！”听到约翰的回答，国王依然觉得百思不得其解。他找到智者问：“约翰这么快乐，到底是为什么呢？我甚至有些嫉妒他，要知道我可是高高在上的国王啊，但是我却从未感受到他那么纯粹的快乐。”智者沉思片刻说：“当他变得不快乐，你就知道他为什么快乐了。以后，每当他把一件事情做得特别好，您就奖励他一个金币。日久天长，他就会失去快乐。”国王对智者的话半信半疑，却还是照做了。果然，约翰在得到第一个金币时简直欣喜若狂，但是随着金币越来越多，他却愁眉紧缩。国王问：“约翰，你拥有的越来越多，为什么反而不快乐了呢？”约翰皱着眉头说：“我已经攒了四十九个金币，还差一个就可以攒到五十个啦。但是，我知道当我拥有五十个金币时，我一定想要攒到一百个。难道我的人生除了攒金币，就再也没有其他的快乐了吗？”国王暗自窃喜：我终于找到了约翰快乐的原因。

后来，看到约翰渐渐茶饭不思，也不再唱歌跳舞，国王觉得于心不忍。因而，他派人在约翰入睡时，悄悄偷走了金币，也不再赏赐金币给约翰。虽然刚刚丢失金币的约翰非常痛苦，随着时间的流逝，他渐渐恢复快乐，不再惦记着攒金币了。

原来，约翰之所以那么快乐，就是因为他在生活中没有过多的欲望，始终认为自己所拥有的就是最好的。面对这样的情况，智者让国王经常赏赐金币给约翰，由此渐渐打开了约翰欲望的大门，让约翰陷入欲望的深渊，远离了快乐，只一味地被欲望牵着鼻子走。幸好国王派人偷走金币，约翰才长痛换作短痛，很快又回到了快乐无忧的生活。

对于金钱、权势的追求，往往让人沉迷和陶醉，也就无法始终保持清醒的头脑。其实，天地虽宽，人的安睡只需要一张眠床；美味虽多，人也只能填饱自己的胃。对于这一切的得到，在生命的尽头，完全都是没有意义的。为了避免懊悔，我们所能做的就是从现在开始就让自己变得豁达、开阔。唯有如此，我们才能抛开功名利禄的负累，更加专心地享受生活。

心理小贴士：

人生的得到，并不在于功名利禄，因为这些都是身外之物，生不带来，死不带去。真正明智的人，一定知道如何抛开外物的负累，更加全心投入地享受生活。在这个已经被名利吞噬的社会，我们应该出淤泥而不染，不管别人怎样想、怎样做，自己要始终坚持初心不放弃。

追求要有止境，否则就成贪欲

人生，一定是要有追求的。没有追求的人生，就像是失去航向的船只，最终不知所踪。在通常情况下，追求越明确，越容易对我们的人生起到指引的作用。然而，所有的追求都一定能实现吗？事实并非如此。在大多数情况下，有些幸运的人能够实现自己的追求，但是有些人虽然非常努力，却未必能够实现追求。古人云，天时、地利、人和。如果在客观条件不足的情况下，却一味地不择手段地想要实现自己的追求，则未免有些过于执着，也会使事情朝着糟糕的方向发展。

凡事皆有度，追求也是如此。当追求过度时，就不再对我们的人生起到积极正向的引导作用，而是会导致正常的追求变成贪欲，反而事与愿违。现代社会物质极大丰富，很多人都喜欢与他人攀比。例如，同事家换大房子了，那么即使原本三口人住着三居室的你也要马上借钱换房；同事买车了，虽然你家距离单位步行不超过五分钟，但是车却是不能不买的；闺蜜买了一条名贵的项链，你怎么能光溜着脖子参加聚会呢，也必须去买一条……说起项链，我们未免想起莫泊桑笔下的《项链》，给马蒂尔德原本平凡的一生带来了莫大的改变。这就是所谓的追求，在过度之后给我们带来的负面影响。毫无疑问，人们追求更高品质的生活是没有任何错的，错就错在有些追求必须有止境，不能无限制地去纵容。过度追求不仅会让我们的欲望变得贪婪，使我们陷入贪欲的深渊，也会导致我们因此而变得焦虑不安。试想，你的心里有一个永不满足的黑洞，让你总是觉得亏空，你又如何得到幸福和满足呢！

曾经，有个年轻人每天都郁郁寡欢，根本不知道如何才能获得快乐。为了让自己变得快乐起来，他不远千里找到智者，希望能够从智者这里找到幸

福的秘密。听到年轻人的描述之后,智者一语不发,而是起身去柴房里拿来一个破旧的背筐,让年轻人将其背在后背上。后来,智者又指着远处的青山说:“你去爬那座山吧,沿途如果看到有什么好的、值得拥有的东西,你就把它们放到背筐中。”年轻人虽然疑惑不解,但是却点头答应照做。他背着背筐一路往山上爬去,不管是看到奇形怪状的石头,还是看到鲜艳的野花,都毫不例外地把它们捡起来放到背筐中。就这样,年轻人越来越觉得沉重,原本轻松的步履也渐渐缓慢。

足足用了一个上午的时间,他才爬上不太高的山峰,却惊讶地发现智者早已在山顶上等他了。智者问:“年轻人,有何感想吗?”年轻人想了想,回答道:“原本还算轻松,但是背筐里的东西越来越多,我也感到越来越累。”智者笑了,说:“是啊,这就是你为什么不快乐的原因。你不停地捡起那些你认为好的东西放到背筐里,但是你的体力却是有限的。如果你能丢掉一些东西,就又会觉得步履轻盈了。这就像人生一样,一个人从婴儿时期“呱呱”坠地时开始是无欲无求的,等到逐渐长大,想要的东西越来越多,追求的越来越多,捡了西瓜也不愿意丢掉芝麻,因而导致内心的负担也越来越重,如何还能笑得出来呢!”

年轻人疑惑地问:“那么,我应该怎么做才能再次变得轻松呢?”智者回答:“减少追求。人生中美好的东西实在太多,一个人不可能什么都得到。你只需要追求你最想要的,其他无关紧要的欣赏足矣,无需占有。”听了智者的话,年轻人才恍然大悟。

追求是指引我们人生不断向前的方向,也是导致我们疲惫不堪的原因。因而,我们在追求很多事物的同时,必须仔细斟酌这些东西是否是我们真心想要的。否则,如果我们盲目地追求一切美好的事物,而不根据自身的负重情况适当舍弃,我们的脚步必然越来越沉重而迟缓,我们的人生也必然失去跳跃的能力。

人生总是这样,有舍有得,只有舍弃,才能得到。很多时候,我们迫不及待地想要得到一切美好的事物,最终却发现这些事物并不完全符合我们的需要。为了这些并不是真正需要的东西而耗费有限的生命和精力,岂非得不偿失。如此想来,我们应该把有限的生命投入到真正的追求中去,才能拥有更加充实的人生。

心理小贴士：

过多的追求，不但分散我们的精力，耗费我们的生命，而且会给我们带来莫名其妙的焦虑。因为眼睛总是盯着远方的追求，我们往往忽略了身边的美好，从而变得浮躁，无法真正静下心来享受生活。当我们因为焦虑而辗转反侧、彻夜难眠时，不如先放下目标，让自己欣赏路边的风景吧，哪怕只是一株野草或一朵小花，也是竭尽全力地绽放。

工作的目的是生活，不要本末倒置

当你离开舒适悠闲的小城，来到大城市的街头，看着熙熙攘攘的人群，你一定会产生恍若隔世的感觉。的确，满眼望去，你看到的都是行色匆匆的人，几乎没有一个人能够悠然自得地走着，观赏身边的景色。究其原因，现代社会的生活节奏越来越快，工作压力也越来越大，人们根本没有时间和精力从容地享受生活。然而，当你披星戴月地日复一日，你可曾问过自己活着的意义是什么？

生活和工作，这两个简简单单的词语，几乎已经涵盖了所有的人生。那么，如何摆正生活与工作之间的关系呢，这是每个人都要面对的命题。也只有捋清这两者之间的关系，我们才能更好地享受生活，也才能更加全心地投入工作。不乏有人把工作无限放大，甚至把生活缩小到看不到的程度。这样的人，我们称为“工作狂”，因为她们的生命中只有工作，而没有生活。还有些人则恰恰相反，他们厌恶工作，只把工作当成是谋生的手段，因为很难做成一番事业。从本质上来说，这两种人都不是最懂得生命的人。前者把生命无限压缩，从未享受生活，后者对工作贬低，甚至从心底里排斥和抵触工作，因而也就无法感受工作的乐趣。那么，生活与工作之间的关系到底是怎样的呢？在无数奔波于生活和工作的人经过无数次实践后，才得到了一个至理名言：工作是为了更好地生活，生活就必须工作。看到这两者之间相互依存、无

法分割的关系，你一定哑然失笑了吧。生活，远远不止工作一项内容，工作是生活的意义，也是生活不可分割的一部分，更是实现美好生活的必经途径。

作为跨国公司中国地区的负责人，亨利几乎从上任第一天开始，就开启了“拼命三郎”模式。由于中国是新划分的地区，亨利很清楚要想给总公司交代，就必须尽快做出成绩来。他每天废寝忘食，带着全体员工日夜奋战。为此，员工们纷纷抱怨：“咱们就像是机器人一样啊，简直连片刻休息也没有。”对此，亨利总是给大家加油鼓劲：“为了未来过上好日子，咱们必须拼搏啊。少休息一会儿不算什么，再苦再累也没有红军两万五千里长征苦啊！”听到亨利这个中国通这么说，大家都哭笑不得。

亨利不仅盯着大家苦干，自己也废寝忘食。他已经三天没有回家了，一天之中，他除了吃饭睡觉用去几个小时之外，都在全心全意地工作。一个加班的夜晚，亨利突然觉得头昏昏沉沉的，左边的胳膊也有些微微发麻。他还算有些医学常识，赶紧让同事们送他去医院，还通知了他的妻子。果不其然，亨利因为过度劳累，有些轻度脑梗，需要马上治疗。看到妻子关切的眼神和委屈的泪水，亨利才意识到自己做错了，对送他来的同事说：“给大家放假一天，让大家都回去休息吧。留两个值班人员就行，轮休。”妻子含着眼泪说：“你呀你呀，你拼命工作是为了什么呀！你口口声声说为了我和女儿更好地生活，但是如果你突然离开了我们，我们就算有再多的钱又有什么用呢！”亨利惭愧地说：“急于求成让我忘记了工作的初衷，我对不起同事们，也对不起你和女儿。我以后不会再这样了。”

如今，越来越多的猝死发生在我们身边，尤其是对于那些经常熬夜加班、长期睡眠不足的人而言，患心脑血管疾病的概率非常大，远远超乎我们的想象。最让人痛心的是，这些猝死的人之中大部分都是正值壮年的人，就这么突然离开人世，撇下挚爱的爱人、亲人和年幼的孩子，让人不伤感慨唏嘘。而实际上，很多疾病都是有征兆的，也与生活习惯和工作习惯有着撇不清的关系。我们唯有从现在开始努力寻求健康的生活方式，调整好工作和生活之间的关系，才能在未来的日子里更好地享受生活，也会更加摆正工作的位置。

在现代社会，随着人们生活水平的不断提高，人们已经全部解决了温饱问题。因而，当你为了实现自身的价值而努力工作时，当你为了改善家人的生活而努力工作时,你都应该时刻记得,工作的目的是为了更好地生活,而不是为了毁了生活。

心理小贴士:

当一个人匆匆忙忙地赶路,他很难看到路边的风景,也不会注意到同行者的心情。然而,人生这趟旅程并不在于迫不及待地赶赴终点,而是要慢一些学会欣赏,学会停留,学会与爱人、亲人执手偕老。当你觉得已经没有时间享受生活,就要放缓那颗焦虑的心,慢下来,等一等自己滞后的灵魂。

安睡只需一床之地,降低对生活的苛责

对于生活,人们总是充满了理想。因而,无数的人在追梦的过程中迷失了自我,他们不停地涌入大城市,似乎只有那里才是他们梦想的发源地。在熙熙攘攘、人流如织的大城市街头,人们不停地奔跑追逐,甚至连静下来喘息一会儿的时间都没有。在没有床时,我们奢望得到一张床;在没有自己的空间里,我们梦想着哪怕能租来自己的一间小屋……然而,人们没有时间,却从来不愿意浪费一分一秒用于休憩和调养生息。就这样,人们气喘吁吁地往前跑,恨不得跑到地老天荒。

最近在看浙江卫视的《中国新歌声》,虽然形式变了,但是内容没有实质性的改变。导师们一如往年,经常问起学员的梦想是什么?有一个学员说,想为爸爸、妈妈在云南春暖花开的地方买套房子,这样就不用忍受东北老家的冰天雪地了。这个梦想感动了导师们,的确,这是一个非常平实的梦想,这个学员看起来非常憨厚,一定是对生活没有非分之想的。恰恰是这样的人,脚踏实地地去做,更容易得到生活的青睐和馈赠。

其实人活着非常简单,即使如巴菲特和比尔盖茨那样的世界富豪,也是与普通人一样一日三餐,夜晚安睡一眠床。在得到极大的物质财富之后,他们更加关注的是造福于人类。其实,作为普通人,即便没有那么多的金钱权势,我们也可以把格局放大一些,这样就不会对于生活过分苛责,从而为难自己。

很久以前,有个富翁腰缠万贯,却始终郁郁寡欢。为了找到生活的快乐,他一个人背起行囊远走万水千山。富翁走啊走啊,来到了一片深山老林里。很快,他的食物就吃完了,他又累又饿,却不知道如何走出这片大森林。

富翁忍饥挨饿,又走了一天一夜,终于体力不支,坐在一棵大树旁休息。这时,有个猎人骑马经过,富翁如同见到救世主一般喊道:“救救我啊,救救我啊!”猎人翻身下马,看着奄奄一息的富翁,问:“你想得到怎样的帮助?”富翁气若游丝地说:“此时此刻,我只想喝到一口清水,再来一点干粮。”猎人打开背包,拿出水喂到富翁的嘴里,又拿出干硬的玉米饼子,让富翁吃。富翁仿佛喝到了人间甘泉,又似乎吃到了人世间最美味的食物,不停地感谢猎人。猎人笑着说:“看你的衣着打扮,一定没吃过这样的粗茶淡饭吧!”富翁感动得热烈盈眶地说:“今天,是我有史以来最幸福和快乐的一天。在我最渴的时候能喝到水,在我最饿的时候能吃到玉米饼,我真幸福啊!”富翁跟随猎人一起到猎人的家中,每天都快乐地跟着猎人一起打猎,一起吃粗茶淡饭,快乐极了。每当夜晚来临,他们就在散发着清香的干燥草堆里睡眠,富翁睡得特别香甜。

即使有再多的钱,也只有清水最解渴,只有真正的粮食最养人。人不可能每天都山珍海味,吃多了一定会腻烦,也不可能每天都琼枝玉液,否则肯定觉得乏味。由此可见,人真正的需求是很容易满足的,因而困扰人们的那些追求、理想和梦想,实际上都是人的心理在作怪。如果想明白了这个道理,就无须为了外物的累赘而拖累自己。当你降低了物质的欲望,也就解放了自己的心灵。

对于任何人而言,最幸福的事就是按照自己的喜好痛痛快快地活着,做自己喜欢的事情,并且感到满足和欣喜。从人生的本质来看,我们做的一切都是为了让自己获得精神的满足。既然如此,又何必在物质方面绕那么大的弯子呢!当你因为物质得不到满足,而使自己心情焦虑不安时,你定然得不偿失。只有摒弃贪欲的人,才能得到真正的宁静喜乐,享受岁月静好的人生。

心理小贴士:

古人云,“知足常乐”,真是一语道破大机。在生活中,多少不快乐的人,都是因为对生活太过苛责，从不觉得满足。倘若能够适当降低对生活的要求，把更多的关注集中于精神的世界，那么我们一定能够减少生活的缺憾，变得更加快乐，也能够远离焦虑，尽享幸福。

坦然接受事实，才能消除痛苦

虽然我们总是把“一帆风顺”“万事如意”等美好的祝福语挂在嘴边上，但是我们真的很难拥有顺风顺水的人生。大多数人生都必然要经历坎坷和挫折，最终才能守得云开见月明。也不排除有些人生始终磕磕绊绊，遭遇苦难几乎已经成为生活的常态。在这种情况下，我们应该一味地逃避现实，祈祷顺遂的人生到来，还是勇敢地面对和接受现实呢？大部分人都会选择前一种做法，但是真正正确的做法却是后者。

命运的力量是强大的，尽管我们经常说要成为命运的主宰，但却首先应该掌握与命运的相处之道。当你与命运背道而驰，命运让你往东，你偏偏要往西，在此过程中还不停地自欺欺人，那么，你一定会被命运更加残酷地纠缠，直到你筋疲力尽彻底屈服为止。我们的确要改变命运，成为命运的主宰，但是这么做的前提是接受和顺应命运，从而找到与命运的最佳相处方式。如果你总是不能接受现实，那么你一定会被痛苦纠缠住，甚至为此寝食难安，焦虑不已。相反，当你接受现实，你坦然面对命运的安排，从而再心平气和地寻找征服命运的最好方式，则成功的概率会提高很多。

最近，人到中年的马霞产生了失眠症状。也许是因为思念在外地读大学的女儿，也许是因为惦记着工作上的评优，也许是因为失去了最爱她的母亲，总而言之，身体各个方面都不对劲了，最让她难以忍受的还是失眠。

从最开始的凌晨两三点极度困倦才能入睡，到后来的彻夜难眠，马霞终于在老公的劝说下去看心理医生。在得知马霞的症状后，心理医生说：“你不要排斥失眠。比如说，你失眠时不要躺着数山羊，更不要心急如焚地想要入睡。你可以起床看看书，或者做点儿什么事情，等到困倦时再睡。”马霞惊

讶地问："看看书或做做事，岂不是更加睡意全无了么！"心理医生笑着说："是啊，反正你本来也睡不着，睡意全无又有什么关系呢！你不要与自己的身体对抗，只有你接纳和包容身体的各种反应，它才会恢复平静，变得顺服。"虽然觉得心理医生说的话没有十足的道理，但是备受失眠煎熬、寝食不安的马霞，还是决定试一试。

晚上，马霞再次瞪着眼睛无法入睡，这次她没有强迫自己闭目养神，因为无数次经验证实那样只会让脑细胞更加活跃。她按照心理医生说的，拿起一本书看了起来，直到晨光出现，她才因为不停地打哈欠才停止看书，开始睡眠。果不其然，她只花了几分钟时间就顺利入睡了。有了这次成功的经验之后，马霞再也不逢人便说自己失眠了。她把失眠当成了理所当然的事情，认定自己原本就该凌晨入睡。从此以后，马霞的失眠症状消失了，她也不再焦虑不安了。

因为马霞接受了失眠，所以她的失眠不治而愈了。其实，很多人的失眠之所以日益严重，就是因为他们从心底里排斥和抵触失眠，因而也就更加烦躁不安，焦虑不已。如果能够像拥抱自己的兴趣爱好一样拥抱失眠，那么，他们就不会为此焦虑不安，可以成功减弱自身的症状。

不管是对于失眠，还是我们身体的其他症状，也或是我们生活中出现的很多困境，我们都只有坦然接受，勇敢面对，才能找到与它们之间最好相处的办法，从而了解它们，找到最佳的解决办法。既然痛苦不会因为我们的焦虑而减轻分毫，那么我们完全有理由拥抱痛苦，从而最大限度地与痛苦和谐共生，直到彻底消除痛苦。

心理小贴士：

当你把痛苦变成心尖上的刺，痛苦就会不停地扎痛你、刺穿你。当你拥抱痛苦，将其变为自己的一部分，它就再也无法伤害你。哭着也是一天，笑着也是一天，痛苦从来不会因为你的糟糕感受而消失，反而会因为你的愉快和幸福而退缩在角落里，直至烟消云散。既然如此，就让我们用宽容博大的胸怀，用充满爱的心灵，消融痛苦吧。

嫉妒心强的人永远不会快乐

对于那些总是喜欢嫉妒他人的人,人们习惯于称为“红眼病”。提起这个词语,就想起人们因为利益虎视眈眈的样子,不由得感到栩栩如生。因此,用“红眼病”来形容妒忌心强的人,实在是非常贴切的。其实,妒忌心强的人不但对他人虎视眈眈,自己心里也因为嫉妒而非常痛苦。细心的人会发现,妒忌心强的人很少感到快乐,因为他们总是觉得自己不如别人,恨不得想方设法地赶超别人。所谓天外有天,人外有人,我们怎么可能时时处处都比他人强呢!如果容不下他人超过我们,那么我们痛苦焦虑的日子也就正是宣告开始了。

妒忌心,从本质上来说,是一种质疑的情绪,不但质疑自己的能力,而且也质疑他人。在这样的双重折磨下,人们必然觉得心里不平衡,甚至感到非常痛苦。要知道,一个人如果缺乏自信,再加上对他人忿忿不平,是不可能感受到快乐的。在这样的两面夹击下,一方面,也许会选择自暴自弃,再也不与他人比较,却忍受着内心失落情绪的吞噬;另一方面,也许会因为强烈的嫉妒,攻击他人,导致人际关系极度恶化。不管是那种发泄情绪的方式,都是得不偿失的。

其实,聪明人都会想明白一个道理:嫉妒并不能给别人造成什么伤害,却会让我们心绪不宁,焦虑不安。既然如此,与其让嫉妒吞噬我们的心灵,不如放宽心胸,更好地欣赏和接纳他人。也许当你与他人成为朋友,你也会多一条成功的道路。所谓多个敌人多堵墙,多个朋友多条路,我们只有搞好人际关系,才能让自己的生活和事业风生水起。

在用一批进单位的实习生中,莹莹各方面都是非常突出的。她从小就是个典型的乖乖女,不管是学习还是个人生活,都非常乖巧,从未让父母操心过。这次毕业实习,为了让她能进入这家大名鼎鼎的金融公司,爸爸托了很多战友找关系,因此莹莹更是用心工作,这样才能在实习期满后争取留下来。

萌萌和莹莹同住一个宿舍,每当看到莹莹得到主管的表扬,萌萌总是非常嫉妒。眼看着实习期即将结束了,大家都传言说莹莹是内定的名额要留在公司,这让萌萌对莹莹的意见更大。有一天中午,莹莹去单位的资料室查资料了,萌萌居然往莹莹刚刚洗好的床单上吐了好几口唾沫。让她万万想不到的是,这一切都让路过的主管尽收眼底。原本,主管对萌萌的评价也是很高的,但是萌萌的这种恶劣行为却让主管马上否定了她。不管在什么时候,一个团队要想做出成绩,最重要的就是团结协作。萌萌不知道的是,主管原本想向单位申请两个留下来的名额,一个是莹莹,另一个给萌萌。显而易见,萌萌不知不觉地失去了这次机会。

年纪相仿的小姑娘间存在嫉妒心理其实也是正常的,毕竟每个人都想出类拔萃,也想得到千载难逢的好机会。萌萌千不该万不该,把心里的嫉妒之火表现出来,更不该采取如此过激的行动,给主管留下龌龊和不堪的印象。倘若萌萌能够调整好自己的心态,在嫉妒莹莹的同时,不遗余力地工作,努力提升自己,给主管留下更好的印象,那么,她的人生就会出现转折。然而,现在一切都晚了,妒忌之火最终烧到了萌萌自己身上,而莹莹却浑然不知。

从上述事例中,我们不难发现,嫉妒是损自不利人的事情。在讲究合作共赢的现代社会,因为嫉妒他人而与他人为敌,无疑是非常愚蠢的行为。从现在开始,让我们浇灭心中的妒忌之火,努力提升自己,从而帮助自己争取到更多的好机会。否则,当你因为嫉妒而焦虑不已、引火烧身时,只能暗自懊悔。

心理小贴士:

嫉妒,并不能改变事实,而只会扰乱我们自己的心。如果你因为嫉妒之火在心中熊熊燃烧,导致自己情绪失控做出追悔莫及的事情,你会更加懊恼。聪明人不会因为嫉妒引火烧身,只会化嫉妒为力量,努力弥补自己的不足,扬长避短,提升自己,从而充满信心。只有这样,焦虑自然也就会离你远去。

成功并非必需品，适度执着就好

每个人都非常渴望成功，因为成功象征着功成名就，象征着我们的能力得到认可，象征着我们已经征服了全世界。然而，有很多人一生之中都紧紧盯着成功的唯一目标，而且为了成功不遗余力、不择手段，最终却被成功所抛弃，甚至连成功的影子都不曾看见。他们盲目追求的成功，却忽视了生活的意义，从不曾领会生活的风景，最终导致一生碌碌无为，既不曾成功，也未曾认真地享受生活。不得不说，这样的人生是失败的。

在现代社会，物质极大丰富，人们各种各样的欲望也越来越膨胀。在无限的奔波和忙碌中，人们已然忘记了生活的意义，也不再知道生活最本质的方式。不停地追逐成功，盲目地信奉成功，在现代人的字典里，似乎除了成功再也没有其他的意义。实际上，真正的智者能够放下成功，真正的聪明人能够适度地把握对成功的追求。他们很清楚，追求成功无非是为了生活得更好，如果为了成功而把生活搅和得一团糟，那么他们的追求就是毫无意义的。

对于人生而言，成功是必需品吗？看看那些生活得平凡而又幸福的人们，他们即使没有成功，也依然活得很快乐幸福。反倒是那些所谓的成功人士，看似风光无限，实际上却内心苍凉寂寞，根本没有机会享受真正的生活。当然，也不乏有些人把追求成功作为人生的目标之一，他们懂得成功固然重要，更重要的是好好享受生活，不辜负生活中的每一分每一秒。因而，他们总是能把生活与成功搭配得恰到好处，也能把自己有限的精力更好地分配在这两个方面，从而最终既享受了生活，也获得了成功，是真正的人生赢家。

很多盯着成功从不放松的人，未必能够得到成功，却因为过度紧张，导致自己焦虑不安。如果他们能够做最坏的打算，知道即使成功不再，也依然能够快乐幸福，那么他们就不会这么紧张焦虑，更不会把获得成功视为自己人生的唯一目的。

从农村里出来的丁丁，早在读大学期间就在为工作做准备，他不但努力学好各科文化课，还积极参加各种课外活动和社会实践，经常外出兼职，全方位提升自己。大学毕业后，丁丁拿着从系主任那里得来的充满溢美之词的推荐信，顺利进入一家大型国企工作。众所周知，国企是讲究人情和关系的企业，和很多私企不同。因此，丁丁除了做好本职工作，还殚精竭虑地讨好领导，只为了自己的前途。

转眼间，丁丁已经来到单位五年了，如今已经成为老员工，也有了一定的资历。然而，在年终优秀员工评选时，丁丁居然四处搞小动作，通过请吃饭、送礼物等小动作，为自己拉票。这让与丁丁一样作为优秀员工候选人的同事们，感到忿忿不平。原本，国企就有很多不平等的人情关系存在，再加上丁丁这么一搅和，使原本就非常微妙的评选进行得更加困难。后来，丁丁索性提着贵重的礼物去了领导家里。他直截了当地对领导说："张经理，这次评选对我很重要。实不相瞒，我来单位五年了，也想往上走一走。如果这次能够当选优秀员工，对我未来的升迁肯定会大有好处。"张经理看着丁丁精心准备的厚礼，笑着说："丁丁，咱们单位几千号人，大家都盯着呢！我想帮你，但是心有余而力不足。有很多人，你根本不知道他们的后台有多硬，我建议你还是低调一些，不要平白无故地得罪人。"张经理的话让丁丁模模糊糊地意识到什么。因此，丁丁失望地说："好吧，三十年河东，三十年河西。既然您现在不愿意帮我，也就别怪我有朝一日贴面无情。"听到丁丁的话，张经理一时气结，从此对丁丁再也不正眼相看。

在这个事例中，丁丁的眼睛只盯着成功，一心一意想要鲤鱼跳龙门，根本没有想到要想拥有更多的支持者，首先要搞好人际关系。其实，丁丁原本并非如此，而只是因为他一心一意地想要成功，所以才被成功蒙蔽了眼睛。

不管是在生活中，还是在工作中，我们最终的目的都是更好地生存。出于这个目的，我们努力工作，追求梦想。然而，一旦我们过于执着，就会情不自禁地犯一叶障目的毛病，导致根本看不到人生沿途的美好景色，只一味地沉浸于目标。实际上，除了生命和亲人挚爱不可放弃之外，还有什么是人生中必不可少的呢?！当你把生命中自认为重要的一切都列举出来，你就会发现有很多东西都是身外之物，根本不值得我们为之付出所有。人生，要想快乐，就要学会放手。哪怕是人人趋之若鹜的成功，智者也会有所取舍地对待它。唯有豁达，是人生不可辜负的大格局。

心理小贴士：

年少时，我们总觉得自己非常快乐，这种快乐简单纯粹，从来不受世俗的污染。后来，我们渐渐成长，懂得更多的人情世故，也从此陷入无法自拔的境地。我们和大多数人一样痴迷于成功，为了得到成功不惜一切代价，最终却发现原来最纯真的幸福就是简单快乐。很多时，并非我们拥有得太少，而是我们想要的太多，所以才会在欲海中挣扎沉浮，不知所踪。

第四章

悦纳生活:活在当下,让焦虑远离生活

当生活被焦虑纠缠,就会变成每个人的噩梦,似乎被囚禁在无边无际的荒原,永远也无法逃离。实际上,焦虑的原因是多种多样,有些人是因为懊悔而焦虑,有些人是因为杞人忧天而焦虑,还有些人是因为嫉妒和虚荣心强,或者是欲望过多。总而言之,如果不能摆正心态,焦虑总会对人如影随形。生命是短暂的,每个人的生命都不可重来,与其为了很多已经发生或尚未发生的事情焦虑,不如活在当下,把握住手中的幸福,从而尽享生命的美好。

成功或者失败，看你是否能摒弃焦虑

很多时候，我们因为失败而焦虑，因为追求成功而不得焦虑，殊不知，你不但因为成功还是失败患上了严重的焦虑症，还会为此影响到了自己未来的成功或者失败。因此，你的损失因为焦虑而变成双倍的，可谓得不偿失。聪明人不会因为已经成为既定事实的成功或失败焦虑，相反，他们会从失败中吸取经验，从成功中再接再厉，从而保证自己未来取得更好的发展，得到更多的收获。

在现代社会，遍布世界范围内，完美主义者已成为一种流行病。虽然每个人都生活在紧张忙碌之中，但是他们却越发吹毛求疵，恨不得凡事都能尽善尽美。他们所不知道的是，追求完美恰恰是焦虑的根源，越是追求完美的人，越是难以得到满足。他们总是对自己的方方面面不满意，甚至因为极度焦虑，恨不得打破这个旧世界，为自己塑造一个全新完美的新世界。然而，这当然是不可能的。为此，他们只能被日复一日的焦虑折磨，从此变得更加沮丧。从心理学的角度来说，完美主义者的焦虑症其实是严重的心理疾病，他们总是生活在完美的理想和不尽如人意的现实之间的深刻矛盾里，这个矛盾却是永远都无法协调的。因而，要想摆脱以此引发的焦虑，我们就必须摆正心态，更加坦然地面对成功与失败，从而获得人生的淡定从容。

娜娜是一个典型的完美主义者，她从小上学就很追求完美，总是不允许自己的作业本错任何一个字，也不允许自己犯任何微小的错误。因为这样，她可谓吃足了苦头，作业本经常是用着用着，写错了就撕掉一页，因而用到最后就只剩下几页纸了。随着年龄的增长，娜娜追求完美的特点非但没有减弱，反而变得越发严重。大学毕业后，很多同学都尽快找到了工作，唯有娜娜因为吹毛求疵，直到半年后才找到相对合适的工作。

说是相对合适，是因为娜娜对这份工作并非完全满意。她住在北城，这份工作在南城，未免有些远了。为此，娜娜在度过试用期之后就忙着搬家，

她想住在单位旁边“自然醒”。在单位里,娜娜主要负责行政事务。为此,她追求完美的特点几乎发挥到极致。哪怕是同事们提交上来的报表有任何一点瑕疵,娜娜也会打回去,让他们重做。同事们一开始还对此不以为然,但是日久天长却未免牢骚满腹。毕竟,每个人每天的工作量都是很大的,如果总是因为一些小小的瑕疵就必须重复无用功,那么就会极大地浪费大家的时间和精力,让大家的工作量成倍增长。虽然也曾有人给娜娜提出过意见和建议,但是娜娜却很难改正。她很清楚,自己追求完美由来已久。最终,在大家给上司联名上书的情况下,娜娜只好主动申请调动到销售岗位,这样她就无须负责大家的工作,而只要做好自己的分内之事就好,她的完美主义情节也就不会影响大家的工作了。

在这个事例中,娜娜因为过于追求完美,不但给自己带来很多苦恼,使自己陷入焦虑,也给同事们带来了很多麻烦。然而,娜娜在短时间内又无法改变自己,因而只好调换工作岗位,让自己只需要为自己负责,无须给他人提出过分苛刻的要求。因为追求完美,导致不能在自己喜欢的工作岗位上工作,而只能勉为其难地从事其他工作,不得不说是一种莫大的损失。其实,追求完美不但会让我们陷入焦虑,也会影响我们未来的发展。因而,我们必须戒掉完美主义的毛病,给予自己一个更好的空间生存和发展。

不管是在生活中还是在工作中,每个人都追求成功。然而,成功并非生活的必需品,我们必须摆正心态,不因为一时的成功和失败导致自己陷入焦虑,坦然从容地面对未来的生活,这样才能最大程度地发挥自己的能力,让自己的人生更加开阔。

心理小贴士:

如果你也是一名完美主义者,并因为对成功和失败的过于执着而焦虑不堪,那么你从现在开始就应该让自己的心放松一些,毕竟人生中除了成功还有很多值得我们追求的东西,也有很多值得我们用心对待的人和事。很多事情一旦成为执念,就会让我们苦不堪言,放开外物,也是放开我们自己。

人生不可能完美,要接受缺憾

很多人不但觉得自己长得不够完美,也觉得自己的人生不够完美。其实,这种感受是完全正确的,因为这个世界上根本没有完美的人和事存在。当母亲怀胎十月辛苦地带你来到人世,你的眼睛也许有点儿小,你的嘴巴也许有点儿大,你的鼻梁还不高挺,你的皮肤也不够白皙……总而言之,随着年龄增长,你原本感谢母亲的心渐渐减弱,反而挑出自己的无数毛病。金无足赤,人无完人,你又怎么可能要求自己美若天仙呢!至于人生,则受到更多方面的影响,更加难以如愿以偿。细心的人会发现,几乎每个人的人生都会有坎坷和挫折,也由此生出了无数的不满意和缺憾。当我们因为人生的缺憾而焦虑不安时,我们一定会失去更多。正如一位名人所说的,"如果你因为失去太阳而哭泣,你也会错过群星。"既然缺憾已然存在,且无法更改,那么我们唯一能做的就是尽力弥补缺憾,接受现实,选择更好的方式扬长避短,帮助自己赢得精彩的人生,而绝对不是怨声载道,怨天尤人。否则,你一定会有更大的后悔。

人生不可能完美,任何人的人生都不可能完美。要想尽量追求完美,我们就要拥有博大宽容的胸怀。试想,如果一个人连自己都不能原谅,那么他又怎么可能容纳这个世界呢!拥有怎样的人生,从某种意义上说其实取决于我们的心态。当我们积极乐观开朗,我们就拥有美好的人生。当我们消极悲观失望,即使现状并不那么糟糕,我们也会因为情绪消沉而导致一切朝着事与愿违的方向发展。人生还需要坚持,而唯有接受缺憾,包容缺憾,与缺憾和谐共生,我们才能更好的悦纳缺憾。

土耳其尽人皆知的大富豪萨班哲,他的庄园遍布土耳其的每一个角落,还有他庞大的产业,也在土耳其随处可见。他的产业是以他形式的首字母"SA"为标志的,每一个土耳其公民都曾经看到过这个字母,他们对于这个字母就像对阳光一样亲切熟悉。然而,就是这样一位富可敌国的大富豪,却有

一个让人百思不得其解的癖好。他花费重金请来很多漫画家，并且将他们集中在一间很大的、安逸舒适的工作室里。而他交代给这些漫画家的任务就是：给他画漫画，谁把他画得最丑，就奖励谁巨额奖金。因此，这些漫画家全都认真细致地观察他，并且极力放大他的缺点，争取把他画到最丑。有些漫画家还把他的小小缺点无限夸张，例如，因为他面部的一个小黑痣，就把他的整个脑袋都画得黑黢黢的。每当经历过紧张忙碌的工作，他最喜欢做的事情就是来到漫画家们工作的地方，满怀愉悦的心情欣赏自己的“画像”。和平日里已经把耳朵磨出老茧的赞美完全不同，这些画像让他感到耳目一新，也觉得非常新奇。原来，他除了成功的面貌之外，还有这么多的众生百态啊！

人们不理解，为什么萨班哲不通过照镜子的方式了解自己，而要自我作践，让漫画家把他画得那么丑陋不堪。其实，他并非大家所猜测的那样古怪，也并不是猎奇，更不是为了惩罚自己，而只是想要了解自己的千面。很多人都不知道，萨班哲尽管事业有成，但是他的儿女都是弱智，在智力发展上存在着难以逾越的障碍。作为一个大富豪，萨班哲却遭遇到了命运如此残酷的折磨，可谓大不幸。虽然他在很多人眼里都是无所不能的成功人士，但是他在命运的捉弄面前却如此无力。因而，作为父亲的他只能坦然接受现实，勇敢地面对一双儿女。他给予他们无限的疼爱，就像所有父亲疼爱自己健康可爱的孩子一样。如果没有强大的内心，他不可能做到这一点。为此，他以漫画的方式，让漫画家们展现他最不堪的一面，却在观赏时依然保持愉悦的心情。通过这种方法，他学会接受自己的面目，需要接受人生的缺憾。

萨班哲的办法很特别，先是用漫画的丑化接受自己，再通过接受自己的相貌而接受人生的缺憾。的确，不论是天生的长相，还是充满波折的命运，一旦发生，都是无法改变的。要想尽量弥补或者主宰命运，我们就只能尽量接纳现实，然后再寻求最好的方式创造美好的未来。

西方国家曾经有位哲人说，假如我们能够坦然接受那些事实，就能够节省焦虑的时间和精力，将其用于更加有意义的事情，努力创造美好的未来。的确，这位哲学家说得很有道理，既然很多事情已经发生且无法改变，我们与其徒然悲伤，不如把有限的时间和精力用来做更有意义的事情。如此一来，我们就会由对事实的抵触，转为对事实的接受和悦纳，从而更好地面对这一切，也积极地改变这一切。

心理小贴士：

在人生的漫长旅途上，没有人会一帆风顺，也没有人能够顺遂如意。我们唯有学会接受和适应现实，才能坦然地走过人生。在很多情况下，人生的缺憾是无法弥补的，你越是与其对抗，就越是感到痛苦。而只有坦然接受它们，从容面对它们，我们才能真正做到拥抱人生，享受人生。

换个角度来看，缺点会变成优点

完美的人生，当然人人都趋之若鹜的。遗憾的是，这个世界上根本没有真正的完美存在。在大多数情况下，人们不得不接受人生的缺憾，也接受自己的不完美。这就是人生的无奈。很多人偏偏不愿意就范，就要拒绝缺憾，追求完美，如此只会让自己陷入焦虑的深渊，被无法调和的完美与缺憾之间的矛盾，逼得想要疯狂。

很多人的人生都以完美为目标，其实这么做只会让自己远离幸福和快乐。记得曾经在一个论坛里看到，有个男人有洁癖，每天都要拖地，而且每次拖地都是三遍，第一遍用加入了洗衣液的水，第二遍和第三遍用清水。对于这个男人的洁癖，原本应该乐得清闲的媳妇都受不了了，大呼难以忍受。最让人尴尬的是，这个男人一旦看到地上有任何水渍或者灰尘，都感到难以忍受。要知道，生活是柴米油盐酱醋茶，是接地气有人气，而不是纤尘不染就像人间仙境。可以想象，那个男人自己也必然觉得很焦虑，因为只要人在家里，他就会情不自禁地盯着地面，从而导致自己根本无法放松下来。

人生肯定是会有缺憾的，从某种意义上说，人生正因为有了缺憾的存在，才变得更加完美。既然缺憾无法改变，我们不如换个角度看待缺憾。其实，人生的很多事情都取决于我们的心态，这就像是恋爱中的情人眼里出西

施一样,一个女孩即使再丑,只要你爱她,也觉得她美若天仙。如果我们不是抱着排斥的态度,而是抱着欣赏的态度去接纳缺憾,甚至能够发现缺憾的可取之处,使其成为我们可以利用的优点。这就是不同角度和不同心态的神奇作用。

作为一个果农,约翰好多年来一直在地处偏僻、气候寒冷的高原上种植果树,只为了给那些老主顾最好的水果。约翰主要种植苹果,因为苹果便于储存,也方便运输。每年,为了提高苹果的甜度,约翰都会等到霜降再摘苹果,这样顾客们才能吃到清甜甘冽的苹果。然而,这年冬天,气温突降,正当约翰等着霜降之后摘苹果时,却突然降下了大冰雹。短短的几个小时之后,原本红艳艳的苹果就变得坑坑洼洼,伤痕累累。约翰心痛不已,这可是他一年辛苦劳作的成果啊,就这样付诸东流了。最关键的是,约翰的客户都是老主顾,如果今年的苹果不能让他们满意,那么他们一旦从其他渠道买到美味的苹果,也许就会不再对约翰忠心耿耿了。

约翰恼火地蹲在果园里,随手从地上捡起一个丑陋的苹果啃了起来。突然间,他惊喜地发现这个看起来丑陋不堪的苹果,居然非常清脆可口,而且甜度更高,汁水更多。约翰再次盯着苹果丑陋的外表,若有所思。最终,他想出了一个好主意。他像往常一样把苹果大包,但是他精心地写了一封信,塞在苹果箱子里。他在心里写道:"亲爱的顾客们,这次的苹果因为高原上气候多变,遭遇了冰雹,导致原本红艳艳的大苹果全都毁了容。幸好,苹果虽然看起来丑陋,但是品质没有改变,甚至有所提高。这都是因为高原的恶劣气候孕育出了最高品质的果实,也因此它们才变得面目全非。不过,看在风味独特的果糖份上,请你们原谅这不那么招人喜爱的苹果吧。相信我,只要吃上第一口,你们就会爱上这个"灰姑娘"的。"顾客们读了这封信,在好奇心的驱使下,全都迫不及待地品尝苹果。果然,"灰姑娘"没让他们失望,他们甚至期待着第二年还有这样美味的苹果可以享用。

原本,苹果遭遇冰雹之后变得面目全非,失去卖相,但是约翰却在伤心之余发现了苹果的独特风味,因而把这个缺点转化为优点,向客户大力推荐。果不其然,这种"灰姑娘"苹果,得到了大家的一致好评,毕竟大家对于苹果的终极追求是口感,而不是华而不实的外表。也因为约翰的大力宣传,大家还把苹果的累累伤痕作为产自高原的独特标志,从而约翰的苹果也打出了自己的品牌。

因为这些有缺憾的苹果,约翰非但没有失去一年辛苦劳作的成果,反而真正做到了让自己的苹果与众不同。从此以后,只怕人们只认约翰的"灰姑娘"牌苹果了。在现实生活中,你是不是也曾有无限懊恼的时刻呢!与其抱怨,不如向约翰一样努力发现缺憾的反面吧,也许那是帮助你收获意外惊喜的力量。

心理小贴士:

从婴儿呱呱坠地开始到长大成人,似乎一直在被灌输要尽善尽美的观念。实际上,这样的教育无疑是片面的,最终也将会是失败的。我们只有努力接受客观存在的事实,真诚地拥抱那些无法改变的缺憾,带着欣赏的眼光去发现它们的美好,才能彻底扭转局面,柳暗花明又一村。

拒不承认,本质是自欺欺人

在旅程中,有些人会因为巨大的灾难突然降临,而关闭自己的心门,拒不承认灾难的存在。这样逃避灾难的方式,就像是鸵鸟遇到危险时埋头于沙坑,完全是徒劳的。也像是中国古代掩耳盗铃的故事,完全是自欺欺人。的确,有些灾难突然降临,让毫无准备的人们根本没有做好准备去接受。惊慌失措时,暂时的逃避的确能够给人们更多的时间和空间去消化灾难,但是一味地躲避却于事无补。当你始终拒绝承认灾难的到来以及因为灾难引起的恶劣后果,你就永远也无法走出灾难的阴影。

怎样才能战胜灾难?每个人都有自己心理愈合的方式,但是大家的共同点在于,我们必须先接受灾难,然后才能愈合灾难带来的创伤。在生活中,很多人因为对于理想化的执着追求,导致陷入内心的焦虑不安,甚至无法自处。当抱怨人生没有乐趣时,不如思考如何用平和的心态对待人生吧。只有你稍安勿躁,才能静下心来感受沿途风景的美,领略人生的别样姿态。

很久以前，有个人总是抱怨自己的人生充满痛苦，霉运连连，似乎从未有守得云开见月明的时候。因此，他四处寻访智者，想要找到快乐的秘诀。他走遍千山万水，才知道隐居深山的智者。他跪拜在智者面前，虔诚地问："如何才能得到快乐的人生呢？为什么我的人生总是这么糟糕？"智者低头不语，很久才说："如果你能找到一个对人生完全满意的人，你就会像他一样拥有快乐完满的人生。"他领命而去，开始四处寻找对人生满意的人。

他不停地走啊走啊，问过普通的村民，问过教书的先生，问过很有钱的地主老财，也问过那些穷得衣不蔽体的人们。最终的结果出乎他的预料，因为所有人都对人生不满意。思来想去，他决定问问高高在上的真命天子——皇帝。在他心中想来，皇帝一定是对人生非常满意的。否则，还有谁能对人生满意呢！就这样，他等候在京城的路边，想要有朝一日皇帝路过的时候，解开心中的困惑。经过漫长的等待，他好不容易等到皇帝出巡，赶紧冒死拦住，问皇帝："吾皇万岁万岁万万岁！您对人生感到满足吗？"皇帝摇摇头，说："我每日日理万机，不但为国家社稷殚精竭虑，还要处理各种杂事，怎么快乐！最快乐的是街头的流浪汉，他们一人吃饱全家不饿，吃饱喝足了就晒太阳，多么惬意啊！"听到皇帝的话，他恍然大悟，赶紧磕头叩谢皇帝，又去问街头的流浪汉。流浪汉听到他的问题哈哈大笑，说："我衣不蔽体，食不果腹，连最基本的温饱都无法实现，有什么可满足的呢！"说到这里，流浪汉说："我倒是羡慕你呢，有家有老婆和孩子，有营生，还有什么不满足的呢！"流浪汉的话让他恍然大悟，就连皇帝都羡慕的流浪汉，原来也有自己的苦恼啊。既然如此，他也就不再寻找对人生完全满足的人，因为那样的人是根本不存在的。

不管我们对人生多么不满意，我们都必须努力认真地活下去。不管人生充满多少缺憾，这都是我们必须接受人生的本来面貌。要想获得生活的幸福和快乐，我们就必须承认和接受人生的缺憾。否则，我们就会陷入焦虑不安之中，再也无法逃脱。

当现实无法让人满意，每个人都不会安于现状，而是会努力地改变现状。既然如此，抱怨当然没有任何作用，我们唯一该做的就是接受现实，然后理智地分析现实，从而最大限度地弥补缺憾，让自己的人生趋于完美。

心理小贴士：

在人生的路上，我们总会遇到各种各样的突发情况，有的时候是惊喜，有的时候是惊吓，甚至还会给我们的人生带来无法弥补的缺憾。对于这样的境况，你是选择逃避，还是选择勇敢面对或者坦然接受？一味地逃避只会让我们更加焦虑不安，唯有勇敢面对，才能让我们得到久违的快乐，感受生命的宁静淡然。

未雨绸缪还是杞人忧天，要把握度

既然生活充满了未知，为了让自己在事到临头时少一些仓皇，多一些从容，我们理应未雨绸缪。的确，未雨绸缪能让我们在事情发生之前就心中有数，作好预案，也能让我们在突如其来的意外事故中多一些镇定。然而，凡事皆有度，如果未雨绸缪过分了，就会变成杞人忧天，导致人们整日为了还没有发生的事情而惶惶不可终日，反而透支了现在的幸福快乐，使自己过早地坠入焦虑不安的深渊。因此，我们必须把握好未雨绸缪的度，不要因为未雨绸缪过度而变得杞人忧天。

人生，应该活在当下。只有把握好手中的幸福，我们才能真正享受幸福。很多朋友们习惯于提前规划人生，当然，做好人生的规划，给自己制订长远的目标，是没错的。唯一需要注意的是，我们不能局限于很多未发生事情的细节，否则就会因为纠结导致一事无成。这就像是一个人面对着有可能成功的机会，当然要预想最坏的结果，但是不要过多地考虑细节。只要觉得自己应该奋力一搏，就应该放开手脚努力去做。否则，再好的机会也会因为你的犹豫不决从指尖溜走，导致你无法更好地把控未来。

皮特即将大学毕业，看到同学们四处奔波找工作，却很难找到称心如意的工作，他突然萌生了一个大胆的想法，即自己创业。对于一个即将毕业的学生而言，既没有充足的资金，也没有任何工作的经验，创业无疑是需要承担极大风险的。不过，皮特还是很理智的，他进行了详细周密的市场调研，

最终发现淘宝创业是风险小、成功率低的最好方式。因此,他郑重其事地准备了一份可行性计划,并且将其呈交给父母看。

看到皮特的创业计划,父母虽然觉得有风险,但是很愿意支持皮特。毕竟,刚毕业就创业,未来也将会是人生宝贵的经验。不过此时,皮特却有些犹豫:归根结底,父母的钱也都是辛苦钱和血汗钱,如果创业失败付诸东流,就太对不起父母的信任了。看到皮特原本的热情渐渐消退,父亲不解地问:“你为什么还不开始行动?”皮特把自己的担心告诉了父亲,父亲笑着说:“不要盯着模糊的远方,而要着手开始清晰的现在。如果你始终瞻前顾后,那么就注定一事无成。谁不是站在失败的阶梯上前进的呢,因此就算失败也不像你想象的那样可怕。”听了父亲的话,皮特鼓起勇气再次前行。他微笑着告诉自己:“我能行,我一定要竭尽全力。”虽然很多同学都给皮特列举了淘宝创业的艰难和障碍,但是皮特依然一往无前。在经历了一年多的起伏之后,皮特的淘宝卖场终于初具规模,而此时此刻,大多数同学还在适应新单位的过程中。

任何事情,只有去做了,才能知道结果如何。因此,在我们做出最坏的打算也衡量了利弊之后,就应该马上着手去做。未来的确很可怕,因为没有人知道会发生什么;未来也的确很可爱,因为它总是带给我们无限的惊喜。对于准备好的人,不管是惊喜还是惊吓,这一切 都不足为惧,因为人生总是行走在路上,在不断地尝试和勇敢的行进途中而接近成功。

针对人们无穷无尽的焦虑,曾经有心理学家进行了研究,结果证实人们关于未来的焦虑中,大概有70%的焦虑是毫无意义且根本不会发生的。人生之所以充满吸引力,就是因为它的未知。既然如此,对于还未发生的事情,我们又何必要认真地焦虑呢!尤其是一些不值一提的小事情,它们就是自身,而不代表任何意味和征兆,因此我们完全无须神经过度紧张。虽然人们常说“不怕一万就怕万一”,但是万一再没有成为真正发生的事情之前,其实是对人无法构成任何伤害的。因而,聪明的人只会以此为警示作出心理准备,却不会为了这些模糊的未来而焦虑不安。

心理小贴士:

人们常说要为明天做准备,或者机会总是留给有准备的人,实际上,每

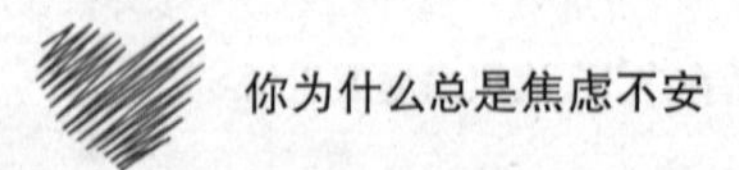

个今天都是完全独立的一天,因为没有人知道明天到底会不会来,也不会知道明天会以怎样的姿态突然降临我们的生活。既然如此,认真活好每一个今天,对任何人都应该如此。在任何情况下,一味空虚地思考都于事无补,只有切实地展开行动才能最大程度改变现状。

过度思考,只能让你不得从容

你是否曾经有过这样的体验,哪怕只是一件微不足道的小事,也会让你感到非常纠结和痛苦,甚至每天每夜都在想着这件事情,简直头痛欲裂。尤其是夜晚降临时,那件小事如同一根刺一样扎在你的心里,让你不得不失眠,头脑清醒地左思右想,等到好不容易睡着了,即使在睡梦中,你也因为这件事情而苦恼和烦躁。恭喜你,你患了焦虑症,起因是过度思考。

人们常常在不知不觉中就会陷入过度思考的陷阱。在通常情况下,大多数人都是懒于动脑,但是也不乏有些人过度思考。所谓过度思考,就是指人们对于一个问题的思考没有把握好度,因而导致自己陷入寝食难安的地步。实际上,很多问题并不像我们想象中的那么复杂,也无须耗费那么多脑细胞去思考。在思考问题这个问题上,男性与女性是截然不同的。男性的思维模式类似于直线,总是一针见血,一语中的,他们往往不会纠缠于某个问题。相反,女性的思维则更加感性,就像是一团乱麻,总是千头万绪,难以厘清。因此,女性朋友往往更容易焦虑,因为她们很擅长举一反三,尤其擅长把简单的问题想得非常复杂。殊不知,过度思考只会让你不得从容。明智的人不会对一个小小的问题陷入沉思,很多问题也并非那么毫无头绪,只要厘清思路,我们就可以从容不迫地回归生活的正轨了。

在过度思考中,还有一种现象是孤独思考。顾名思义,所谓孤独思考,就是指人们习惯于独自思考,也因为缺乏与他人的交流,所以总是误会和曲解他人。这对于人们的人际交往,是有弊而无利的。不管从哪个方面来看,过度思考都是有弊无利的。从现在开始,我们就要戒除过度思考的弱点,让

你变得神清气爽,头脑轻灵。

小梦在广告公司做策划工作,一直以来,她的策划案都深得领导赏识。为此,这次公司接到了一个大项目,领导特意交代给小梦去做。小梦接到领导的任务后,非常感激领导对她的赏识,因而马上开始投入工作,只为了给领导一个满意的交代。

因为这个项目关系到公司的未来与对方公司的合作,因而小梦简直竭尽全力。不想,原本文思泉涌的她却遭遇“瓶颈”,虽然接连奋战好几天,却依然没有灵感出现的感觉。小梦简直有些崩溃,因为再过两天就是交工的日子。为此,她向好友求助,好友不以为然地说:“你呀,缺乏放松。这样吧,咱们今晚去唱歌,好好地怒吼一番,你就可以放下这个项目,彻底忘记它了。”小梦尴尬地笑了说:“那我岂不是更没法完成工作了?你可知道,我最近几天废寝忘食啊,都是为了工作,连做梦都梦到项目的事情呢!”好友暗自窃笑说:“所以你才缺乏灵感呢!脑细胞都快被你累死了!不要紧张啦,走吧,车到山前必有路。”就这样,好友把小梦拉去吃饭喝酒,然后又到了歌厅。一番声嘶力竭的怒吼之后,小梦觉得累极了。她浑身疲惫地回到家里,没有洗漱就和衣而睡。睡到半夜时分,小梦突然脑海中灵光一闪,出现了一个绝妙的好创意。她赶紧起床打开电脑,连夜奋战到天明,一个堪称完美的创意横空出世,小梦很快地完成了领导特意安排的任务。

在这个事例中,小梦之前灵感枯竭,就是因为她过度思考,导致思维僵化。幸亏好友带她在关键时刻尽情放松,才让她在彻底忘记工作之后,找回了久违的灵感。这样的妙手偶得,一定能够让她的创意更加充满灵气,也容易得到领导的认可和肯定。

在很多情况下,一刻不停地思考都会让我们感到疲惫。举个最简单的例子,很多高三学生在高考之前,都会停止复习让自己放松一两天。如此一来,他们的临场发挥反而更好,更容易取得好成绩。当然,放空自己的方式多种多样,我们未必也要去唱歌跳舞或者吃饭喝酒,如果你爱好音乐,也可以去听听音乐。如果你喜欢插花,不妨静下心来插花。总而言之,只要是能够让你全身心投入忘记思考的事情,你都可以去做。只要达到真正的放松,你就能够如愿以偿。

心理小贴士：

生活越来越紧张局促，每个人都应该善待自己。善待自己的方式有很多，我们可以给自己一个安安静静的午后，也可以让自己远离喧嚣的都市，回到空气清新、满目翠绿的乡间。我们的大脑也像是一架高速运转的机器，难免会觉得疲劳不堪。在这种情况下，一定要及时给予大脑充分的休息，千万不要让大脑过度疲劳，最终失去动力。

第五章

淡定从容：不轻易失控，与焦虑反道而行

越是性格急躁的人，越容易陷入焦虑的陷阱。这是因为，性格急躁的人遇到事情往往不能冷静坦然地面对，而会导致情绪失控，因而使事情变得更加糟糕。其实，人生的很多事情并不能靠着情绪解决问题，在大多数情况下，人们只有保持冷静理智，才能找到最佳的解决问题的办法，从而最大限度地降低损失。当你变得淡定从容，当你作为自己情绪的主人出现，你就知道自己应该如何面对突发的一切。

焦虑折射生命的本质，要温柔待之

很多人都对焦虑避之不及，殊不知，焦虑是生命的镜子，能够从某个角度折射出生命的本质。当焦虑为我们敲响警钟，我们才能及时发现身体和心灵的问题，从而及时反思自身，扪问生命，最终积极地摆脱焦虑的困扰。人的身体，是一个封闭的循环系统，自有其规律存在。任何一个方面的异常，都会让整个身体都变得混乱。如果我们对抗焦虑，就会打破自身的平衡。和万事万物一样，焦虑既然存在，就有其合理性。正如一位哲人所说，存在就是合理，我们理应温柔地接纳和对待焦虑，从而顺利探寻生命的本质。

当人们感受到威胁时，难免会觉得口干舌燥、压力倍增，甚至浑身冷汗，呼吸急促，血压也会随之增高。细心的人会发现，这些症状完全符合焦虑者的表现。由此可见，焦虑不但是精神的一种应激反应，也在身体上有诸多表现。因而，我们一味地排斥和抗拒焦虑，只会让一切更糟糕。唯有坦然迎接焦虑的到来，主动观察身体和精神上的诸多异常表现，我们才能更好地拥抱生命。

在现代社会，职场人士的生存压力越来越大，陷于激烈的竞争之中，有时经常感到莫名其妙的焦虑。其实，这些焦虑并非空穴来风，而是有事实根据的。因此，千万不要觉得是自己的情绪在发神经，而应该反思自己的工作和生活。有些人因为生活压力大而焦虑，有些人因为职业生涯发展不顺而焦虑，有些人因为不能合理安排时间而焦虑，有些人因为学习而焦虑，总而言之，一切焦虑都是有原因的，不可小视。

眼看着结婚的日子越来越近，丽娜陷入了焦虑之中。原本还兴高采烈准备结婚事宜的她，最近几天总是感到心慌气短，有时甚至因为压抑而恨不得爬到山顶声嘶力竭地大喊大叫。最让丽娜感到恐惧的是，她还常常想要逃离这一切，躲到一个没有人能够找到她的地方，始终期盼的婚姻也对她失

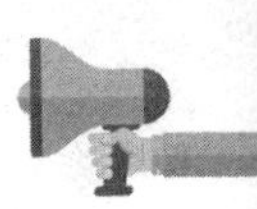

去了吸引力。

还有三天就是大婚的日子,丽娜越来越觉得自己是在发昏。她约了闺蜜出来一起喝茶,悄悄地告诉闺蜜:“我想逃跑。要是你在我结婚的日子找不到我,千万不要惊慌,我只是顺应自己的心思,逃走了。”闺蜜花容失色,赶紧批评她:“你可别真的发昏啊,婚姻是一辈子的大事,你们也是历经辛苦才得到父母同意的。如果就这样放弃,简直是天理难容啊,张骞一定会伤心死的。难道张骞对你不好吗?”丽娜摇摇头,说:“很好!”闺蜜更加不解:“你可真是身在福中不知福。你知不知道,有多少人羡慕你能嫁入豪门,而且还有一个深爱你的丈夫啊!”丽娜苦笑着说:“谁知道我未来的人生是幸福还是不幸呢?! 天也不知道啊。”闺蜜审视丽娜很久,才说:“我知道了,你肯定是得了婚前焦虑症。放心吧,你所担心的一切都是不存在的,你一定会非常幸福的。其实,你只是因为害怕未知的生活,所以想要逃避而已。实际上,你还是很爱张骞,也很期待你们的婚姻的。”闺蜜的话,让丽娜也陷入了沉思:难道我真的得了婚前焦虑症? 为了防止自己在一时冲动下做出什么让自己后悔的事情,丽娜特意去看心理咨询师,证实了闺蜜的猜测是正确的。原来,很多人在婚前的时刻感到紧张,甚至对渴望已久的婚姻感到恐惧,恨不得赶快逃走,以便让一切重新来过。对此,丽娜也是同样的感受。在心理咨询师的开导下,丽娜渐渐意识到自己是杞人忧天,因此她遵照心理咨询师的建议不再排斥焦虑,而是坦然接纳自己的焦虑,对待自己心中的疑惑。得知丽娜的状态后,准新郎张骞也极尽温柔,尽量安抚丽娜,帮助她树立对婚姻的信心。

因为丽娜的焦虑得到正确的对待和及时的派遣,所以丽娜再也不感到惊慌失措了。在张骞的安抚下,她满怀信心地等着迎接新生活的到来。

在很多情况下,焦虑是我们潜意识中恐惧的表现。就像事例中的丽娜,正是因为对婚姻生活的恐惧,所以才不知不觉陷入焦虑的状态之中。这种情况如果得不到及时疏导,也许会导致更加严重的问题产生。因此,我们应该学会接纳焦虑,反思自身,从而找到问题的症结所在,从根本上消除焦虑。

心理小贴士:

有很多焦虑的人根本不知道自己焦虑的原因在哪里,因而他们总是一味地担心自己会感到害怕，所以更加对焦虑心有余悸。殊不知，正是这种发自心底的抗拒和排斥，才使焦虑更加变本加厉。从现在开始，就让我们愉快地接纳焦虑吧，唯有如此，我们才会更快乐地享受生活，拥抱自己。

态度决定命运，你准备好了吗

曾经有位名人说，一个人最大的敌人是自己，唯有突破自身的局限和禁锢，人们才能获得长足的发展。的确如此，在很多情况下，虽然外界环境恶劣，但是人们总像打不死的“小强”一样顽强不屈。然而，一旦内心的精神支柱轰然崩塌，整个人的精神都会随之崩溃，再也无法做到强大镇定。既然人生的态度决定了我们的成败，那么我们从现在开始就应该调整心态，让自己以更加自信的姿态对待生活。

在生活中，总有些人非常悲观消极，即使事情远远没有那么糟糕，他们也会怨天尤人，早早地就放弃希望，不再进行任何努力。还有些人与此恰恰相反，他们虽然面临着窘境，却始终保持乐观，更不会因为已经眼前的困难和障碍轻易放弃。他们就像是美国大片里那些主人公一样，任何时候都保持旺盛的精力和顽强不屈的意志，不到最后的胜利关头决不放弃。细心的人会发现，那些成功人士，那些在逆境中最终柳暗花明的人士，都是非常坚强和乐观的。与此相反，那些悲观绝望的人，即使有很多很好的机会，也终将被命运抛弃。对于每一个人而言，命运都不会永远一帆风顺。尤其是在漫长的一生中，我们既会接受阳光的抚摸和清风的吹拂，也会被命运的浪涛抛弃又跌下。面对这一切，我们必须坚定不移地相信自己终将能够冲破乌云，顺利扭转局势。在很多情况下，我们无法改变客观的存在，我们唯一能做的就是调整好心态，采取正确的态度应对。这是我们的主场，我们要时刻牢记这一点。

作为肯德基的创始人，桑德斯上校创业很晚，是在很多人已经开始颐养天年的65岁。当年，桑德斯上校穷困潦倒，依靠申领政府的救济金过日子。

当他拿到第一笔105美元的救济金时，不由得垂头丧气。但是，他并没有抱怨社会和他人，而是扪心自问："我如何才能回馈他人呢？我如何成为一个能够创造自身价值的人呢？"思来想去，他觉得自己除了拥有一个炸鸡秘方之外，没有任何能够改变命运的契机。为此，他开始尝试去餐馆推销自己的炸鸡秘方。然而，他被拒绝了。那些餐馆不但不同意抽成给桑德斯上校，甚至不愿意给他尝试的机会。然而，在遭受无数次拒绝之后，桑德斯上校丝毫没有气馁，而是继续再接再厉，四处推销自己的炸鸡秘方。为此，有些餐馆的老板无情地嘲笑他："如果你真的有秘方，会这样身无分文靠领救济过日子吗？"这些冷嘲热讽、无情拒绝，都不能让桑德斯退缩。在遭到整整1009次拒绝之后，他终于找打了一家餐馆愿意与他合作。这样的尝试，历时两年，桑德斯完全靠着一己之力开着破烂不堪的老爷车度过。从此，肯德基爷爷的挂像遍布世界各自，受到无数美食爱好者的追捧。

这么多次失败，这么长时间的坚持，有几个人能像桑德斯一样锲而不舍呢！正因为我们没有桑德斯上校的坚强乐观，也缺乏他的顽强不屈，所以我们只能是个普通得不能再普通的人，而桑德斯上校却凭着65岁高龄，得到了辉煌的成功。

纵观古今中外，你会发现，大凡成功人士，一定有着积极乐观的态度，有着顽强的毅力，有着永不放弃的信念。一次的拒绝并不意味着什么，1000次的拒绝也不代表我们无法迎来第1001次的成功。只要我们始终牢记心中的目标，坚持不懈，持之以恒，就一定能够冲破命运的藩篱，最终实现自己人生的理想。

心理小贴士：

天上不会掉馅饼，任何财富，都是给那些愿意付出的人准备的。倘若你总是采取被动消极的态度对待人生，你的人生就一定会充满失望。倘若你不管身处何种境遇都坚持努力，那么即便情况再怎么糟糕，你的心中也会充满希望，成功难道还会远吗？！

把握清醒的头脑，才能掌控焦虑

很多人都曾有过歇斯底里的经历，即事发之前即使再三告诫自己一定要保持淡定和冷静，但是真正事到临头时，却因为情绪冲动，导致无法控制自己的头脑，情急之下就开始发脾气，不管不顾。然而，等到事情结束之后恢复冷静，马上懊悔不已，恨不得狠狠地扇自己两个大耳刮子，也恨不得付出一切代价给他人赔礼道歉。然而，这一切都为时晚矣。很多时候，语言就像是最无情的伤害，一旦形成，就再也无法消除。既然如此，我们一定要保持清醒的头脑，这样才能控制住焦虑，不被焦虑左右。

人生哪来那么多的一帆风顺，大多数的人生总是漏洞百出，错误频现。面对诸多不如意，焦虑者很容易就会情绪失控，甚至在情急之下口不择言。实际上，这是焦虑的一种表现，应该引起每个人的足够重视。当头脑失控了，就意味着我们成为焦虑的奴隶，受到焦虑的奴役，再也无法平心静气。换个角度来说，我们必须保持清醒的头脑，才能成功成为焦虑的主人，避免被焦虑扰乱生活的秩序。

因为头脑失控导致焦虑，轻则郁郁寡欢，与他人发生争执，重则行为偏激，甚至与他人发生口角之争。倘若因此而触犯法律，则几个人生都会因此而出现转折，导致追悔莫及。因而，千万不要小视焦虑的负面影响。我们只有及时排解焦虑的情绪，恢复头脑的情形和理智，才能如愿以偿地拥有精彩的人生。

自从加入这个购物群，华华的生活就开始陷入焦虑。原本，华华是因为听到姐姐说这个购物群里总是有一些优惠商品的信息，能够帮助群里的人即使花很少的钱，也能买到高品质的商品，所以才加入的。刚开始时，华华还能控制自己只买需要的东西。但是，因为她是全职家庭主妇，所以白天的时间在把孩子送到幼儿园之后非常清闲，因而越来越沉迷其中。每当群主发什么优惠的商品，即使家里并不缺，或者并不真的需要，她也会马上抢购。

渐渐地,华华开始形成焦虑:如果不购买群主推荐的优惠商品,她就会觉得心里没着落,似乎没占到便宜是极大的犯罪一样。

眼看着就要到中秋节了,群主开始大力推荐月饼。华华本身就喜欢吃月饼,一看到平日里买一块月饼的价格现在能买到一盒月饼,她就开始控制不住地下单。短短一个星期之内,华华就买了十几盒月饼,家里根本吃不完,只好拿出去送人。华华不仅对待月饼如此,对待其他家庭生活的消耗品更是如此。如今,她的家里简直堆积如山,不但有十几包卫生纸、抽纸,还有好几桶油,十几包大米。看到华华这么疯狂的样子,老公不由得担心地说:"你不会神经了吧。"老公的话提醒了华华,华华也觉得自己最近每天都买好几样东西,的确很不正常。幸好,她还保留着一些清醒,因而赶紧去看心理医生。听到她的描述之后,心理医生笑着说:"你这是焦虑症,也叫作'购买强迫症'。因为你心底里认定那些东西都是物美价廉的,买到就是赚到,所以强迫自己非买不可。实际上,如果不是特别需要的东西,即使再便宜,买回家里也是闲置,因而使极大的浪费。如果你这么想了,就不会再那么急迫地要求自己非买不可了。"在心理咨询师的开导下,华华逐渐意识到自己的问题所在,因而她每当再看到有物美价廉的商品时,第一反应不是错过就是损失,而是斟酌这个东西是否生活必须,是否急切需要。渐渐地,她不再那么焦虑不安了,买东西也变得更有节制。

对于任何事情,如果缺乏清醒的头脑,必然会陷入焦虑之中,甚至因此而让自己失去控制。就像事例中的华华,虽然购物不是特别严重的焦虑倾向,但是如果花了很多钱买了一大堆用不上的东西囤积在家里,日久天长,也是让人难以招架的。可以说,焦虑遍布生活的方方面面,深深地影响着我们的生活。我们必须对焦虑引起足够的重视,而且能够适度控制自己的焦虑,才能保持头脑的清醒和冷静,让自己更从容不迫地享受生活。

心理小贴士:

有很多冲动的情绪类型都会导致人们头脑失控,其中焦虑是最常见的一种。在生活中,很多事情会引起人们的焦虑,哪怕只是一场例行的考试,也会让一些神经绷得很紧的人,感受到焦虑的折磨。在这种情况下,我们必须保持头脑的冷静,在陷入焦虑的陷阱之前,就适当控制自己。人生虽然偶

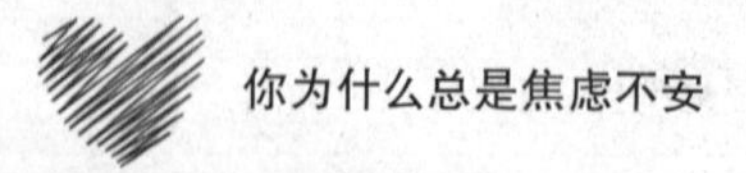

尔需要放纵以宣泄情绪，但是一味的放纵必然让我们坠入沉沦的深渊。我们只有深刻意识到失控对人生的危害，才能主动自发地控制情绪，保持清醒。

幸福生活要和谐，平衡你的多重角色

在生活中，每个人都有多重角色。在父母面前，我们是子女，要乖巧孝顺，善解人意；在爱人面前，我们是配偶，要温情脉脉，体贴入微；在孩子面前，我们是父亲或者母亲，要百项全能，才能给孩子尽量撑起一片晴空；在上司面前，我们是下属，必须完成上司交代的任务，尽量得到上司的认可；在下属面前，我们是上司，既要保持威严又要平易近人；在销售员面前，我们是顾客，要注意不要显得颐指气使，表现出自己的素质；在对手面前，我们再累也要伪装出坚强的模样，这样才能保持气势……这些，都是我们需要扮演的不同角色，如何平衡好这些角色的关系，成为我们幸福生活的关键所在。

所谓幸福，很多人如今都已经意识到，幸福只是内心深处的一种感受。千万富翁赚取一百万也不会觉得幸福，甚至还因为金钱的负累平添烦恼，但是乞丐如果能够讨得一口热饭，就会觉得非常幸福，毕竟在寒风刺骨的空气中有了一点点温暖。对于那些学霸而言，得到更多的学位未必能感到幸福，但是对于大多数普通人而言，只要考上名牌大学得到文凭，再凭着真才实学拼出属于自己的一片天地，就是幸福。由此可见，要想获得真正的幸福，我们必须平衡多重角色之间的关系，这样才能让生活更和谐、更幸福。

作为一家公司的部门主管，陆羽的生活简直忙得一团糟糕。原本，他的想法很简单，努力工作，挣更多的钱，给妻子和女儿创造更好的物质生活条件。但是，随着他的职位上升，他的工作也越来越忙碌，他回家的时间总是无限制地拖延下去。从小职员时代的每天六七点钟下班，到项目负责人的每天七八点下班，如今，成为部门主管的陆羽几乎从未九点之前到家。如果

遇上加班或者开会，甚至要到十一二点才能回到家里。渐渐地妻子开始抱怨陆羽不顾家，女儿也抱怨爸爸从未有时间陪伴她。陆羽觉得很委屈，常常在妻子和女儿牢骚满腹时说："我也想早点下班回家啊，但是我这么辛苦工作还不是为了你们么！"即便陆羽这么说，妻子和女儿也并不领情。妻子总是委屈万分地说："我不想要钱，我只想要一个正常的家庭生活。"女儿呢，也振振有词："老师都说父母要尽量陪伴孩子，但是我每天连见你一面都很难。"就这样，陆羽与妻子和女儿渐行渐远。

这个周末是丈母娘的生日，妻子早就和陆羽说好要去拜寿，但是陆羽却因为一个临时的会议完全忘记了这回事。等到他疲惫不堪地回到家里时，妻子眼睛都哭得红肿了。陆羽一拍脑门，这才想起来自己犯了严重的错误。他赶紧向妻子道歉，又在第一时间给丈母娘打电话祝寿。电话里，丈母娘的声音也不太高兴："没关系的，工作要紧。"就这样，陆羽觉得自己虽然钱越挣越多，但是快乐却渐渐远离了家庭。没过多久，陆羽的顶头上司张经理辞职了，这让陆羽很疑惑，张经理给出的理由却非常简单："妻子嫌我下班晚，又不能陪孩子。思来想去，还是家庭重要。"恢复到职员身份的张经理再也没有那么多琐事，每天到点下班，即使需要加班，也可以带回家里做。这件事情给陆羽很深的触动，他突然意识到工作忙并不能成为他疏远家庭的理由。再看看习大大和彭麻麻吧，即使日理万机，也时不时地秀恩爱，总是能让全世界看到他对彭麻麻的爱。想到这里，陆羽惭愧不已。虽然他没有魄力放弃自己为之努力这么久的一切，但是他却极力调整工作的节奏，尽量顾全家庭。看到陆羽的改变，妻子和女儿的脸上又露出了笑容。

一个人即使在事业上再怎么成功和努力，也依然要过好家庭生活。正如事例中所说的一样，习大大和彭麻麻每次出现在国人面前，或者是在世界上亮相，都是那么和谐恩爱，恨不得手拉手出现在众人面前。这样的和谐与恩爱，才能让人对整个中国都产生信心。

所以，当你以为了家人忙于工作为借口时，不妨想一想习大大和彭麻麻吧。对于这样一个日理万机的男人尚且不忘爱自己的妻子，你又有什么理由可以推辞掉这个艰巨的重任呢！你再忙，也不会比习大大更忙。因此，你必须像习大大学习，兼顾国家和小家，兼顾责任和爱，这样才是真正的成功。

心理小贴士：

既然我们扮演着多重角色，就要尽力协调这些角色，只有把每个角色都做到最好，我们才能享受和谐融洽的幸福人生。很多人都习惯于把工作和家庭对立起来，似乎在为了家庭而努力工作的同时，就必然要付出所有的时间和精力，以牺牲陪伴家人为代价。殊不知，这样的对立是非常愚蠢的，不但不会让你更加全心全意地投入工作，反而会使你因为家人的不满而变得被动和局促。真正的聪明人，能够在各个角色中左右逢源，如鱼得水，把每个角色都扮演得风生水起。

休息，让你以空杯心态迎接生活

现代生活节奏的加快，工作压力的增大，让很多现代人已经失去了休息的机会。他们日复一日地忙碌，每天都为了金钱利禄而奔波，渐渐地忘记了人生的本源和最初的目的。曾经在年少时，越是懵懂无知的孩童越清楚生命的意义，那就是得到快乐和幸福。因此，蒙特梭利才说儿童是成人之父。然而，随着年岁渐长，孩子们逐渐长大成人，沾染了更多的世俗庸碌。在忙忙碌碌中，他们已然忘记了最初的目的，他们的心灵被欲望填满，每个人都想要追求更加丰厚优越的物质生活，也迫不及待地想要获得成功。如果人生的大河就这样奔腾不息地朝前急速流去，则我们永远也不可能欣赏沿岸的风景。相反，我们会越来越被时间的洪流裹挟着朝前走，甚至连喘息的机会都没有。这样的人生，显然已经奔忙得失去了最初的意义。

人活着，到底是为了什么？大多数人在这个问题前感到困惑，更多的人已经意识不到这个问题的困惑，不得不说是莫大的悲哀。其实，不管生活多么忙碌，也不管工作的节奏多么快，我们都应该学会合理地休息。如果任由心灵像荒原一样继续荒芜下去，那么对于人生而言将会是莫大的悲哀。也许有很多人都觉得在这个时间就是金钱，时间就意味着千载难逢的机会，休息是对生命的莫大浪费。那么我们应该扪心自问，如果每天晚上不睡觉，一

个人能坚持活多久?休息,就像睡觉对于人存在的意义一样重要。休息,能够让我们忙碌的心灵恢复宁静,也能让我们想倒一只杯子一样倒空自己。当然,这里所说的休息包括睡觉,却不仅限于睡觉。睡觉,只是满足最基本的生理需求。而这里所说的休息,也包括更高层次的放空心灵。当我们的心灵充斥着各种各样的欲望,甚至无法喘息时,我们必须放空它,这样才能得到更大的空间,也才能彻底放空我们堵塞心灵中的焦虑。

最近一段时间,婷婷的生活简直一团糟糕。先是她因为房产证写谁的名字,与男友闹分了,已经谈婚论嫁的他们选择了和平分手;接下来是亲手把她带大的姥姥因病去世,非常突然,是她猝不及防;再就是她的工作,也因为与同事之间发生争执,不得不选择辞职……如此接二连三的打击,让婷婷应接不暇,无力招架,最终她病倒了。

这次生病,让婷婷终于有时间静下来想一想自己的生活,唯一的结论就是真够乱的。思来想去,婷婷决定放下所有的心情和事情,出去旅行一段时间,就去她一直梦寐以求的云南吧。婷婷的旅行维持了15天之久,就是走走看看,漫无目的。不过,她很清楚这段时间对她的心绪起到了极大的平静作用。旅行归来,婷婷就像变了个人,再次乐观积极地面对生活,努力地找工作,还准备好迎接一段新的恋情。朋友们看到婷婷的变化都惊讶极了,说:"云南真是疗伤的好地方啊!"婷婷笑着反驳:"不是疗伤,是整理。我觉得我之前的心情就像是一个乱糟糟的衣柜一样,里面塞满了杂乱无章的衣服鞋袜。如今,我已经借助于旅行的时间把它们进行了归类整理,这样一来,它们全都各归其位,再也不来烦扰我啦!"

的确,婷婷的比方非常生动贴切,一个人凌乱糟糕的心情,就像杂乱无章的大衣柜,里面塞满了各种无用和毫无头绪的东西。在这种情况下,要想获得心灵的宁静和有序,就必然要痛定思痛,静下心来认真思考自己的何去何从。

不管生活多么忙碌,不管有多少工作堆积如山等着你去完成,当你觉得自己需要休息的时候,就一定要挤出时间来休养生息,既帮助身体积蓄能量,也帮助心情回归平静和有序。所谓磨刀不误砍柴工,永远不要心疼那些休息的时间,因为恰恰是它帮助我们回归高效有序的生活和工作。

心理小贴士：

任何事情，防患于未然的效果都比亡羊补牢更好。等到事情恶化到无法弥补时再去补救，则往往会产生负面的影响。如此想来，就像是一架机器，我们千万不要等到它彻底坏了才想起来去维护，而应该在它正常运转时去用心保养。这样，它的效率一定会成倍增长。我们的身体，我们的精神，我们的心灵，就是我们赖以为生的唯一“机器”。

从容是焦虑的天敌，要从容

记得曾经读过一篇文章，叫《做淡定从容的女人》。看到这个题目，眼前就仿佛出现了一个极度优雅和淡定从容的女人，她袅娜的身姿，淡淡的微笑，让看到她的人觉得如同春风拂面，煦阳高照。等到她开始说话，更觉得就像是鞭子轻轻地抽打在羔羊儿的身上，那么从容不迫，那么淡定优雅。这样的女人，别说能够赢得男人的青睐，就算是作为同性的女人，也一定难以抵抗她的魔力。遗憾的是，生活中有太多女人是河东狮吼，也有太多女人歇斯底里。女人，一生都在修炼，必须修行到极致，才能成为一个真正淡定从容的女人。

从容二字，不管放在哪里看似都轻飘飘的，说起来更是不费吹灰之力。然而仔细想想，不管是男人还是女人，要想让人生活得从容，就是最大的成功。所谓从容，泰山崩于顶而色不变；所谓从容，宠辱不惊，去留无意；所谓从容，不管遇到什么事情都不惊慌不失措；所谓从容，总是能够保持淡淡的微笑和眼底的真诚……一个人如果活出真从容，就是真正的人生赢家。虽然我们距离成为人生赢家还有很远，但是为了消除焦虑，我们还是应该尽量从容不怕，因为从容是焦虑的天敌。当你做到从容，焦虑就会消失得无影无踪。

战国时期，有个叫塞翁的老人生活在北城的偏僻地带，已经快要出关了。因为地方辽阔，塞翁养了很多马。有一天，马群回家之后，他发现少了

一匹马,猜测一定是走失了。邻居们得知此事,纷纷登门安慰塞翁:“别担心,就是一匹马而已。年纪大了,身体最重要,一切钱财都是身外之物。”塞翁听到邻居们好心好意的劝慰,说:“一匹马丢了无所谓,也许还会有意外的收获呢!”看到塞翁这么自欺欺人,邻居们都暗自想道:马丢了还说是好事,真是死要面子活受罪啊!谁也没想到,今天过去了,那匹丢失的马不但主动回家了,还带来了一匹骏马,浑身赤红,一看就是好马。看到塞翁平白无故地得到了一匹马,邻居们不由得想起他曾经说过的话,纷纷表示佩服:“您真是眼光长远,这匹马果真给您带来了意外的惊喜。”塞翁丝毫不觉得高兴,反而忧心忡忡地说:“白得一匹马可不是好事,也许会乐极生悲呢!”邻居们私下里议论纷纷:“这个老头儿可真狡猾,白得了一匹马一定乐坏了,表面上却还装出忧愁的样子。”

后来,塞翁的独生子每天都骑着这匹骏马四处游玩,一不小心,居然被摔断了腿。看到塞翁唯一的儿子遭此大祸,邻居们全都不计前嫌,纷纷赶来安慰塞翁,塞翁却不以为然地说:“虽然腿断了,但是好歹命还在。谁能说这不是福气呢!”这下子,邻居们全都觉得塞翁老糊涂了,因为他们无论如何也想不明白摔断了腿算什么福气。没过多久,匈奴开始入侵,村子里的年轻人全都应征入伍,只有塞翁的儿子因为一瘸一拐的,得以留在家里。战争是无情的,那些奔赴战场的年轻人很多都失去了性命,塞翁的儿子却平平安安地待在家里。

塞翁失马的故事,可谓一波三折。在邻居们都为塞翁丢失的马感到惋惜时,塞翁却不以为然;在邻居们都为塞翁平白无故得到一匹马而感到羡慕时,塞翁却不觉得高兴;在儿子摔断腿之后,塞翁更是一反常态,毫不伤心难过;最终,塞翁的儿子因为一瘸一拐而免于上战场,保全了性命。这个故事的本意是想告诉我们祸福相依,祸福也无法准确地区分。但是,我们却可以从塞翁的身上看到一种淡定从容的可贵品质。如果不是始终保持从容的心态,塞翁就会在失去马时惋惜,得到马时狂喜,儿子摔断腿时心痛,儿子免于上战场而保全性命时而欣喜若狂。由此一来,不时的大喜大悲一定会扰乱塞翁的心绪,使其生活发生更大的转折。

如果把塞翁的经历套用到现代人的身上,一定是大喜大悲,心绪不平。

为此，我们必须保持从容的心境，才能更好地应对人生的各种境遇，也才能始终平和宁静地享受生活的馈赠。

心理小贴士：

如果你想把焦虑从自己的心中赶走，那么首先要练就从容的气质。既然很多事情一旦发生，不管你再怎么惊慌失措、追悔莫及都无法改变现状，那么不如坦然接受。当你内心宁静，你就会变得从容。

对镜子里的自己微笑，拥有美好一天

你是否曾经每天都愁眉苦脸，看起来就像是个受气的小媳妇，让看到你的人也突然间心绪失落，变得同样笑不出来？你是否曾经觉得自己的心情低沉得就像是夏日里雷雨降临前厚厚的乌云低垂在天边，仿佛能拧出水来？你是否曾经不管遇到多么高兴的事情，都以一声叹息作为总结，因为你不知道那些事情真的值得高兴吗？如果你曾经如上种种，那就说明你是一个抑郁寡欢、焦虑不安的人。因为缺乏安全感，因为对未来没有把握，你从不敢放肆地笑，更不敢充满底气地说话、承诺，放出豪言壮语。如何才能改变这样的状况呢？不管你是花季少女，还是垂垂老者，你都应该拥有每一天明媚的心情。唯有如此，我们才不辜负生命的可贵，才能尽享生命的馈赠。

细心的人会发现，当你心情低落的时候，如果你能强迫自己笑一笑，哪怕是伪装着笑一笑，很快你的心情就会宛若被施展了魔法一样，真的好起来。虽然不是心情大好，但是至少也能够让你不那么压抑阴郁了。尽管有人说形式是没有作用的，在这里看来，形式还是有作用的，当形式累积到一定的量就能引起质变，让你的心情真的在暗示的作用下，变得好起来。从此，你的天空也就充满阳光，乌云不再。

静静从小就是个自卑的女孩。原来，她有一个酗酒的父亲，总是喝得醉醺醺的，不是打妈妈，就是骂她，这让静静觉得自己怎么也不如别人。因而，她虽然从小学开始学习成绩就在班级里名列前茅，但是她从未有过真正的

自信和快乐。

这样的情绪,跟随静静直到大学毕业开始工作。因为大学毕业生越来越多,静静没有找到与专业对口的工作,而是从事二手房销售工作。这个行业无疑需要乐观开朗、积极自信的性格,还需要有好口才。这几条,静静一条都不占,但是她缺钱。无疑,和很多安逸舒适的工作相比,销售工作能帮助她在短时间内挣到更多的钱,积累资金。为此,静静硬着头皮开始工作。刚开始时,不管是同事,还是买房的客户,都觉得静静太忧郁了。然而,静静这十几年都是这么过来的,所以她一时之间也不知道如何改变。一个偶然的机会,静静读到一篇文章,上面说要提醒自己保持微笑,要提醒自己变得自信,要提醒自己你是最棒的。因此,静静按照书上的方法,在租住的小屋每一个角落都贴满了提示语。例如,她在镜子上贴上:“微笑度过每一天。”果然,在看到这句话的时候,原本从起床开始就眉头紧锁的静静果然情不自禁地笑了一下。看着镜子中微笑的自己,她莫名其妙地心情好转,居然觉得室外阳光明媚。再如,她在漱口杯上贴着:“你是最棒的!”果然,她虽然很怀疑这句话的真实性,但是的确腰杆挺得更直了一些。她还在门上、床头上贴满了形形色色的提示语,诸如“你的微笑最美丽”“你是最优秀的女孩”“笑一笑,十年少”“你的笑容有征服人心的魔力”等。每当看到这些提示语,她都会情不自禁地微笑,而且在心中默念那些自我鼓励的话。静静非常认真地照着书本的指示去做,一个月之后,奇迹出现了。她渐渐变得爱说爱笑,也充满了自信,不再是那个内向害羞的女孩了。以前,在大家,包括她自己在内都觉得自己不适合这份工作,现在她居然把工作做得风生水起。如今的静静,每天都抓住机会对着镜子里的自己微笑,或者是清晨起床对镜梳妆,或者是在办公桌上对着镜子整理乱发,或者哪怕是经过一扇反光很好的玻璃门……静静从镜子中微笑的自己身上,得到了伟大的力量。

如果你也像静静一样曾经抑郁寡欢,曾经自卑自怜,那么从现在开始,不妨也多为自己准备几面镜子吧。当你越来越多地对着镜子里的自己微笑,你也就获得了无穷无尽的力量,自然也就能够改变人生,让自己变得勇敢豁达,充满自信。

心理小贴士：

所谓量变引起质变，很多"自欺欺人"的话如果说得多了，自己也就会当真了。当然，这里所谓的自欺欺人不是消极悲观，而是积极乐观地鼓励自己。每个人都有自己的优点和长处，我们所要做的就是扬长避短。如果你的缺点就是不够自信，那么从现在开始就多多鼓励自己吧。当你无数次对着镜子里的自己微笑，你不但会变得美丽，而且会变得信心满满。

第六章

立即行动：不因常常拖延而焦虑而惶惶

很多事情，想好了就要去做，这样才能果断行动，不给自己更多的时间过度思考，甚至因此而陷入焦虑不安之中。人生短暂，时光宝贵，任何时候都不能拖延。正如那首《明日歌》中唱的："我生待明日，万事成蹉跎。"只有把握好现在的光阴，才能最大限度地拓展生命的宽度，不让人生的每一天虚度。

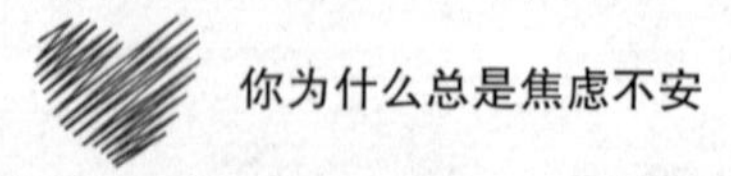

任何事情都不迟，只要不放弃

在生活中，人们似乎已经把为时已晚当成了口头词，不管做什么事情，只要时机不是刚刚好，他们就会说为时已晚。细心的人会发现，总是爱说这句话的人，不管做什么事情都无法坚持到底，相反，他们总是半途而废。的确，为时已晚这句话听起来就有些泄气，尤其是对于意志不够坚定的人而言，这句话一旦出口，简直就让自己的信心、勇气和魄力一泻千里。古人云，“一鼓作气，再而衰，三而竭。”在战场上，负责擂响战鼓的人总是至关重要，因为他们的号角使每个人都斗志昂扬，无限激昂。倘若从心底里放弃了，则再也难以鼓起信心和勇气继续冲锋陷阵，人生也是如此。每个人都必须一鼓作气，才能乘风破浪、沧海云帆。

当我们把为时已晚挂在嘴边，就意味着我们必将浪费更多的生命。我们不但无法因此而挽回之前在时间上的损失，反而还会为此导致自己错失未来的人生。当一个富翁奄奄一息地躺在床上说为时已晚时，他肯定不想马上从床上起来，尽量弥补自己前半生因为忙于事业而给家人的亏欠；当一个领导说为时已晚时，这就意味着他不再愿意带领团队披荆斩棘，为了未完成的项目继续奋斗，也就意味着他放弃了即将到手的荣誉和成就；当一个医生说为时已晚时，就意味着他已然放弃了希望，不愿意再继续为了挽救病人而作继续的努力。总而言之，当为时已晚出口，说明当事人已经从心底里表示松懈，不再愿意继续努力。因此，不管什么时候，我们都不要轻易说为时已晚。不管事情发展到哪一步，我们都要努力地面对，尽力地争取，不到最后关头绝不放弃。

葡萄牙的著名作家萨拉马戈，他的人生是与众不同的，尤其是在文学创作的道路上，他经历了很多坎坷和挫折。早在 25 岁时，勤于笔耕的他就出版了生平第一本小说，遗憾的是没有获得成功。直到 50 岁时，他才再次拿起笔进行文学创造。不知道的人们一定觉得很纳闷，从 25 岁到 50 岁，按理说应该是一个人一生中创作的最佳时期，也是无可取代的黄金时期，他为什么辍

笔了呢? 原来,萨拉马戈原本是个电焊工,从事最底层的技术工作。因为25岁时第一本小书的出版,所以他丢掉焊枪,开始进行创作。然而,他一直默默无闻,从未有过突出的表现。为了生存,他开始从事新闻报道,也进行戏剧创作。尽管这两项工作也是在与文字打交道,但是与文学创作显然还是有着明显区别的。在这20多年的沉寂中,当身边的人都觉得萨拉马戈一定会从此沉沦下去,再也无缘作家的梦想,更不可能创作出惊世骇俗的作品时,萨拉马戈的心中却始终在想着梦想而努力——获得诺贝尔奖。因而,虽然他已经50岁了,但还是义无反顾地再次拿起笔开始进行文学创作,并且决定要专心一意地以此为事业。得知这个消息,大家全都震惊了,纷纷表示反对。萨拉马戈非常感谢一位朋友,因为在众多的反对声中,只有这位朋友坚持鼓励他,对他说:“只要有梦想,何时都不迟。”就这样,萨拉马戈义无反顾地拿起了笔,再次开始进行创作。

遗憾的是,这位对萨拉马戈忠心耿耿、无条件支持的好朋友没有看到萨拉马戈的成功。在萨拉马戈的《修道院纪事》出版时,这位好朋友去世了,让萨拉马戈沉浸在人生无常的深深感慨中。自此,萨拉马戈一发而不可收拾,更加勤于写作。后来,他完成了《失明症漫记》《修道院纪事》等很多传世的经典之作,并且于1998年获得了诺贝尔文学奖。此时,萨拉马戈已经76岁高龄了。对于他的作品,评委给出了中肯的溢美之词:“他的作品想象力丰富,充满着同情,而且笔下充满了讽刺意味。因为这部作品,我们才有机会重温那段让人疑惑不解的历史。”由于他那极富想象力、同情心和颇具反讽意味的作品,我们得以反复重温那一段难以捉摸的历史。

对于这迟到的至高无上的荣誉,萨拉马戈坦然接受。他要感谢的人很多,但让他最感谢的是从50岁开始追逐梦想的自己。不管是面对坎坷和困境,还是面对与越来越逼近的生命终点,萨拉马戈从未觉得为时已晚。

看看萨拉马戈的成功经历,你还会说为时已晚吗? 其实,大器晚成的名人有很多,例如,肯德基爷爷,更是以70多岁的高龄,连续两年开着破旧的老爷车奔波在美国广袤的土地上,才最终成功推销出去自己的炸鸡秘方。对此,萨拉马戈曾经说:“我老了,因此我把每一部新作品都看成是挑战,也看成是人生可能的绝唱。因此,我必须让自己每一部正在创作的作品都令人满意，否则就太糟糕了。”只要努力，任何时候都不嫌迟。从萨拉马戈和肯德基爷爷的身上，我们一定要明白这个深刻的道理。

成功不分年龄，不管你是十几岁的少年，还是垂垂老矣的古稀老人，只要你心中始终怀着梦想和希望，不离不弃地追逐自己的梦想和希望，你就有可能突破自身的局限，最终获得成功。退一步而言，即使你与成功失之交臂或者相差甚远也没关系，奋斗的经历就是你最宝贵的财富。因此，不管什么时候都不要因为为时晚矣而放弃行动，只有行动，才能让你的梦想更加生动，更有可能实现。

心理小贴士：

在生活中，很多人哪怕遭遇一点小小的挫折，也会放弃希望，失去信心。这样的人，无法面对生活未来的汹涌澎湃和大风大浪。没有人的生活是一帆风顺的，很多时候我们往往不能如意，所以必须保持坚强乐观的心。在任何时候，都不说晚；在任何时候，都不放弃希望。

消除心底的抗拒，你才不会拖延

每个人都有拖延症，尤其是对于自己不想做的事情，人们更容易被拖延症困扰。实际上，这是因为人们的潜意识导致的。试想，每个人的本性都是趋利避害，人们自然而然地愿意做自己喜欢做的事情，而惧怕做自己不想做的事情。由此一来，拖延应运而生。举个最简单的例子，对于几岁的孩童而言，如果你让他去游乐场玩，他一定会马上放下手里的事情蹦蹦跳跳地出门。相反，如果你总是叮嘱他写作业、练钢琴，则他的效率就会明显降低，甚至磨磨蹭蹭地不愿意马上去写作业或者练琴。这就是人的本性。小的孩子不会掩饰，因而他们的行动总是最真实地表达了他们内心的想法。

随着年龄的渐渐增长，成人身上也依然存在拖延症现象。例如，一个女孩被父母催促着去相亲，但是心里很抗拒，因为就不愿意在预定的时间到达。相反，假如是去巴黎时装周，她一定会迫不及待，欢呼雀跃。由此可见，不管是对

于孩子还是对于成人,我们要向戒除他们的拖延症,首先要做的就是消除他们心底的抗拒。唯有把不喜欢做的事情变成喜欢的,人们才会对其趋之若鹜。

遗憾的是,不管是在生活中还是在工作中,总有些事情是我们不想面对的,也是排斥去做的。然而,如果这些事情不涉及原则性问题,而且也是我们非做不可的的,那我们也必须勉为其难地去做。在这种情况下,感情上的喜好退居二线,理智占据上风,我们只能从理智的角度来说服自己,即使勉为其难,也要认真努力地把事情做完。其实,当我们因为心底的抗拒而拖延时,不但会浪费宝贵的时间,还会降低工作的效率,给我们带来的损失是双倍的。那么,如何才能消除拖延症的诱发因素呢?心理学家从心理学的角度研究发现,缺乏自信是人们拖延的普遍原因。因为曾经遭遇过失败的挫折,因而很多人都变得缺乏自信。因此,他们情不自禁地否定自己,甚至变得裹足不前,不敢再轻易尝试。要想消除这样的拖延因素,首先要做的就是恢复自信。任何人做任何事情,自信都是必要的成功条件之一。还有些人的拖延是与生俱来的,他们总是慵懒散漫,即便对待工作,也无法做到严肃认真。这是因为他们的性格就很缓慢,再加上没有紧迫感,因而表现出拖延症的症状。对于这种性格特征的人,往往需要他人以外力推动,这样才能促使他们不停地前进。总而言之,我们必须消除心底各种原因导致形成的抗拒,才能彻底戒除拖延症。

大学毕业后,雅娟因为韩语好,所以进入一家专门针对韩国进行出口贸易的公司工作。原本,雅娟大学时选择韩语专业,是个冷门,没想到如今却顺利成为高级白领,做着人人羡慕的工作。对此,雅娟自己也沾沾自喜,毕竟好工作不是那么容易找到的。这不,她明天又要跟随老板去韩国出差。在这个大家都趋之若鹜去韩国旅游的年代,雅娟借着每次出差的机会都快把韩国逛遍了。

原本,老板安排雅娟把谈判方案翻译成韩文,以便与韩国公司谈判。然而,雅娟头一天晚上因为和朋友聚会熬到很晚,所以没有完成工作,而是准备到飞机上再翻译。不想,次日清晨在机场见面之后,老板一见到雅娟就问:“我要的韩文谈判稿准备好了吗?”雅娟半晌都不知道如何回答,只好结结巴巴地说:“还没有呢。不过您放心,我在飞机上就能做好的。我昨晚有点事情,没有熬夜完成。”老板不高兴地说：“你倒是挺会安排时间，我原计划利用飞机上的时间和对方公司的代表针对方案进行沟通呢！现在因为你的工作没有按时完成，我只能在飞机上闭目养神啦！”看到老板不高兴的样子，雅娟后悔不已。其实，昨晚她原本可以拒绝朋友的邀请，认真地完成工作，但是因为她总觉得自己韩语水平很高，因而对工作怀着轻视的态度，也为此付出了代价。

雅娟之所以抗拒工作，就是因为她盲目自信，总觉得一切都在自己的把握中，所以忽略了要未雨绸缪，甚至没有如期完成工作。如果她因此而给老板留下不好的印象，甚至被降职，一定会追悔莫及的。

为了及时戒除拖延症，我们首先应该为自己制订人生的目标，然后再将其分解成一个个能够在短期内实现的小目标，从而帮助自己更加积极地奔向目标。除此之外，我们还应该树立正确的时间观念，千万不要觉得时间是取之不尽，用之不竭的。当然，为了提高效率，我们还应该避免心神涣散，而要尽力做到集中精力。很多拖延并非是整体拖延，如果在做事情的过程中低效散漫，也是一种形式的拖延。

心理小贴士：

人生短暂，我们无法决定人生的长度，但却可以尽量拓宽人生的宽度。当你做事精明干练，行动迅捷，你就戒掉了拖延症，而且能够做到全心全意、全力以赴。在这种情况下，和那些无限拖延的人相比，你岂不是多活了吗?！从现在开始，就让我们抛弃杂念，全心全力以赴吧！

凡事越早越好，千万不要“拖延症”

当拖延心理越演越烈，我们就会情不自禁地犯上拖延症。所谓拖延症，就是不管做什么事情，都不愿意在第一时间内展开行动，而是必须磨磨蹭蹭等到最后，才勉为其难地开始动起来，就像蜗牛一样，即使已经正式开始开展工作，或者开始完成某件事情，明知已经到了最后时刻，但是却步履艰难，似乎很难采取更高的效率开展。不得不说，这已经是拖延症病入膏肓的表现了。

在生活和工作中,很多人都有拖延症。也许有人会说,既然提倡慢生活,我们为何要行色匆匆、手忙脚乱呢。慢慢地做事情,慢慢地享受生活,岂不是很好?当然,如果你在度假,毋庸置疑越慢越好。但是,如果你是在工作或者急于做某件事情,太慢了,只会让你错失良机,甚至给上司或者领导留下很差的印象。既然一件事情注定要完成,我们为什么不赶早呢?早早地完成工作,可以让自己变得更加从容。万一做的过程中有什么意外导致的恶劣后果,也可以有更多的时间想办法弥补。最重要的是,你必须养成迅速完成某些事情的习惯,这样你的人生才会变得更加紧凑。总而言之,不管从哪个方面来看,拖延症都是有害无利的。众所周知,想得再多,如果都是空想,也毫无益处。只有想到了,马上去做,才能起到立竿见影的效果。

小王和小李是一起进入公司的,学历差不多,都是本科,能力相仿,经验全都是空白。然而,进入公司半年之后,小王明显比小李进步更大,而且也得到了上司的好评和器重。这是为什么呢?小李非但百思不得其解,也很不服气。

但是,工作不能怄气,为此,他开始观察和研究小王。毕竟,对于他们这样的应届大学毕业生而言,如果不能在短期内证实自己的工作能力,前途就堪忧了。经过一个多月的观察,小李发现小王有个特点,即不管上司交代什么工作给他,他总是在保证质量的情况下,尽早完成。有的时候,上司明明给了一个星期的时间完成项目,但是小王在五天的傍晚就交差了。这与小李的做法恰恰相反,因为小李每次都自作聪明地想:如果我完成得太早,上司一定觉得我不够认真,因而会打回来让我修改。如果我拖延到最后一天才完成,那么上司也许即使有些小小的不满意,也不会再打回来让我重做了。就这样,小李每次完成工作都要等到最后一天。虽然上司考虑到他们经验不足,已经给出了好几天的富裕,他也先磨磨蹭蹭地拖延,等到最后几天才开始着手去做。如此一来,小王的项目几乎每次都会返工,然后尽力完善再交给上司。小李呢,前几天很清闲,直到最后匆忙赶出来的工作,上司并不说什么。然而,渐渐地,上司更多地把一些重要的项目交给小王去做,只给小李分一些无关紧要的小项目。半年之后,他们之间的差距越来越大,越来越明显,工作水平也不在一个层次上了。

还记得小时候每年暑假,有些同学会在暑假开始的几天完成作业,然后痛痛快快地玩耍,而有些同学却总是先尽情疯玩,直到最后几天才忙不迭地写作业吗?这就是对待学习截然不同的态度和思路,也会在我们成长之后折射到工作和生活中。

为了避免拖延症的发生,我们可以采取给任务分段的方式,把任务按照一定的量分散到不同的时段。此外,还可以用理智缩短完成任务的时间,归根结底,提前完成任务的感觉还是非常好的。当你每次都在拖延,终于有一次积极主动地提前完成任务时,你一定会爱上那种感觉:浑身轻松,接下来的几天都可以过得很惬意。如此一来,你渐渐地就会改掉拖延症,让自己的人生变得更加从容不迫。

心理小贴士:

为了奖励自己成功战胜拖延症,当你提前完成某件事情或者某项工作之后,完全可以慷慨大方地给自己一个小小的奖励。因为提前完成任务带来的轻松愉悦的感觉,本身就是对你莫大的奖励。这样时间长了,你就会彻底远离拖延症,成为一个守时的人。

当后果严重,你还敢拖延吗

很多时候,理智总是无法战胜感情,更无法战胜人的本性。因而,无数喜欢拖延的人,尽管再三告诉自己一定要动作迅速,马上展开行动,却依然无限期地拖延下去。尽管他们采取了很有错失避免拖延症,但却收效甚微。那么,到底如何才能彻底摆脱拖延症的纠缠呢?我们不妨设想这样一个情形:在悠然宁静的野外,你慢慢地走着,但是突然间一条大狗从草丛里蹦出来,开始疯狂地追你。这时,你还能继续悠然自得地漫步原野吗?只怕你会马上像受到惊吓的兔子一样不顾一切地逃开,因为你知道如果被狗撕咬,后果难以想象。

为什么我们不能用这个办法治疗拖延症呢?如果你知道拖延症的严重后果,如为此失去工作,甚至失去收入来源,导致家人苦不堪言、无法生活,

你还会继续拖延下去吗?很多人之所以无限期地拖延,就是因为他们从不觉得拖延的后果有多么严重。他们心知肚明,即使拖延导致了些许的延误,也不会造成严重的后果。既然如此,为何还要紧张不安呢?想到这里,我们完全有理由继续拖延下去。但是如果事先知道拖延的后果,人们就会在心里引起足够的重视。例如,我们很少看到有人高考会迟到,除非发生了不可抗力因素,因为大家都很清楚高考一旦迟到,迟到的就是一辈子千载难逢的好机会。此外,坐飞机的人也很少迟到,因为飞机票价格昂贵,且坐飞机的人大多都是出远门的人,一旦延误航班,就会导致很多事情的安排也要随之发生变动。由此可见,从某种意义上来说,人们的拖延与心中对某件事情的重视程度也是有着密切关系的。总而言之,排除其他影响因素的情况下,人们越是重视和紧张一件事情,越是不会拖延;人们越是对一件事情漫不经心,且知道不会有什么后果,也就越容易拖延。在生活中,即使是特别爱睡懒觉的人,也不会在婚礼上迟到。这就是人们内心对事情的重视程度决定的。因而,要想杜绝拖延,我们首先应该明确拖延的后果。就像上小学的孩子们每次迟到都万分担心一样,因为他们不愿意被老师当着全班同学的面批评,这不但丢面子,而且非常难堪和尴尬。相比之下,管理严格的上司带出来的下属,往往很少有拖延症。换个角度来说,如果上司自己就喜欢拖延,那么下属拖延工作也就是理所当然的。一是上司不能忽视自己而唯独批评下属,二是上司的工作作风也会极大程度地影响下属。

作为一家广告公司的合伙人,刘强的确才华横溢,做出了很多让人眼前一亮的项目,也博得了客户的认可和赞赏,但是,他有一个最大的毛病就是拖延。这不,前几天客户指名道姓让刘强亲自做的广告创意,眼看着明天就要交了,刘强却还在家里看奥运会,根本没有想到再过十几个小时就该交活了。直到看完了感兴趣的比赛项目,刘强才慢条斯理地下楼,开车去单位加班。为此,当同为老板的李杜打来电话问他策划案准备得怎么样呢,他不急不躁地说:“马上就做,我正在去单位的路上,今晚准备彻夜不眠了,你明天必须给我放假,让我补觉。”李杜无奈地说:“大哥啊,每天早晨九点客户就会到公司看策划案的成果,你赶紧开车吧!”虽然李杜忐忑不安,但是刘强却不以为然。他以前曾经很多次这样赶工,其实 个创意无非就是点了,哪里用

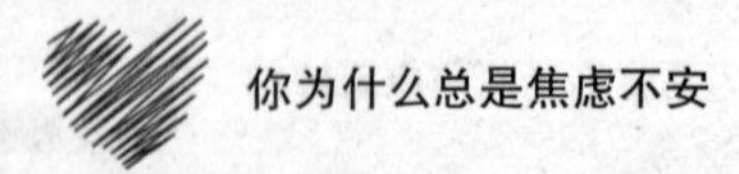

得着提前一个星期就绞尽脑汁呢！

经过一个通宵点灯熬油的奋战，刘强终于赶在客户到达公司之前做完了策划案。然而，因为时间紧张，这个策划案漏洞百出，原本李杜想赶在客户之前看看的，都没有任何时间。毫无疑问，这次的策划案搞砸了。客户看了之后说："好的创意并非可遇而不可求，但是对于你们专业做广告的人而言，除了创意之外，完善的细节也是很重要的。难道你们交给我的策划案只是最初的雏形吗？"客户的否定让刘强脸上无光，虽然李杜极力挽回，客户依然拂袖而去。这次因为拖延导致的恶劣后果，让刘强深感懊悔。虽然他以前也经常拖延，但是从未有这么严重的后果。为此，虽然李杜一语不发，但是刘强却非常慎重地写了一张纸贴在办公室的门上，正对着他的视线——拖延，是毁灭。从此以后，刘强只要再想拖延，他就会想一想自己曾经惹下的大祸。如今，这个客户已经成为他们竞争对手的忠实客户，只因为对方给予他更加谨慎和周全的服务。

很多才华横溢的人都有自负的毛病，因而总是对他人他事不以为然，刘强就是这样的人。尤其是在以灵感和畅意为生存基础的广告业，他更是傲娇。然而，这次的拖延给公司带来了巨大的损失，不但失去了老客户，还导致公司的口碑也受到影响。如果刘强的态度能够更加谨慎一些，及早完成策划案，再加上精心修改和完善，一定不会如此。现代社会，虽然生活和工作的节奏都越来越快，但是拖延症却像流感一样肆意蔓延。尤其是工作性质自由的从业者，则更容易被拖延症奴役。实际上，做事拖延并非大多数人所想的那样是一种习惯，其本质是一种心理疾病，从某个角度来说是人们对自身不能把控的表现。从现在开始，我们不管做什么事情，都应该集中精神，马上行动，这样才能如愿以偿做到最好。

心理小贴士：

生命是有限的，我们最不该的就是有把有限的生命用于无限的拖延。虽然每次的拖延看起来都只有短暂的时刻，但是长年累月，日久月累，我们必然在拖延的过程中失去一大截生命。在清楚年少的时候，浪费生命尚且不能自觉心痛，一旦变得老态龙钟，人生也进入末年，我们就会无限怀念曾经青春美好、有大把时间可以挥霍的岁月。

预先规划定好规则,才有期限

追根溯源,拖延到底是如何形成的呢?有些人是天生慢性子,不管做什么事情都慢条斯理,即使要爆发地震了也毫不心惊胆战。有些人则是因为后天的习惯导致拖延,如果一个人长时间做那些没有规定完成期限的事情,他们就会渐渐习惯无限地拖延下去。长此以往,拖延就变成习惯,人们甚至对此无知无觉。由此可见,要想防患于未然,让自己避免拖延,就要未雨绸缪,提前为很多事情做好规划,制订期限。如此一来,我们的心里就会产生紧张感,从而督促自己按时按量地完成工作。

很多时候,我们能否顺利完成一件事情,外因只占很少的部分,大部分都取决于我们的内心,诸如勇气、意志力等。有些意志力薄弱的人,做事情常常半途而废,这是比拖延更可怕的。相反,意志力坚定的人,总会给自己制订一个短期的目标,哪怕只是临时决定要做一件事情,他们也会目标明确,勇往直前。实际上,仅从字面意思来理解,拖延就意味着无法完成任务,难以达成目标。因而,拖延并非我们想的那样无关紧要,不管在生活中还是在工作中,一旦拖延导致严重的后果,就会给我们带来无穷无尽的烦恼。趁着拖延还没有造成恶果,我们应该及时为自己设定期限,从而给自己设置目标,形成紧张感和局促感。人们常说,有志者立志长,无志者常立志。因而在给自己设定目标和规划期限时,应该注意实际的执行情况。千万不要一旦遇到些许困难,就马上放宽条件,导致自己无法坚持下去,使辛辛苦苦制订的规则付诸东流。很多事情都是贵在坚持的,因为很多想法即使再好,如果无法付诸实践,也是空中楼阁镜中水月。

作为一名自由职业者,艾迪总是备受拖延症的煎熬。因为没有在公司工作的条条框框束缚,所以艾迪刚刚从全职工作者变成自由职业者时,非常享受这种自由自在,一切随心所欲的生活。然而,好景不长,艾迪就发现自己根本无法像最初设想的那样,上午睡懒觉、逛街,下午和晚上工作挣钱。

因为艾迪总是有各种各样的理由推迟工作，或者是与好友约会，甚至只是在微信上和朋友聊天。就这样，一个多月过去了，艾迪只挣到一千多块钱，这与她之前的目标月薪过万、尽情享受相差甚远。

怎么办？继续奔波找工作吗，显然艾迪不想去。那么如何才能让自由工作效率更高，而且时间也有保障呢？思来想去，艾迪想到了一个很好的办法，那就是规定工作时间，而且规定每天的工作量，换言之，就是她规定了自己每天要挣到多少钱。

第一天开始实施自由工作计划时，艾迪非常痛苦。因为她正与朋友聊天高兴呢，结果闹铃响了，她该工作了。后来，在她接到朋友电话想要一起用餐时，又发现自己的工作量因为效率低下，整个下午只完成了一半，靠着吃完饭回家熬夜加班显然是行不通的。左思右想之后，艾迪狠心地拒绝了朋友的邀请，闷头工作。为了避免晚上再有什么活动被工作牵绊，她全神贯注，居然一个小时就完成了下午两个多小时的工作量。在终于从时间到工作量都圆满完成之后，艾迪长长地虚了一口气，终于可以安心地休息啦。第二天，艾迪依然努力地坚持着，第三天，艾迪已经渐渐习惯了这样的工作模式，最终，艾迪养成了良好的工作习惯，每天不但有充足的时间休息和娱乐，也能保证自己挣到目标的薪资，从而实现真正的小资生活。

虽然有人觉得规划是无用的形式，当是规划能否真正起作用，其实还是在于自己。当你努力地按照预先设定的规则完成任务或者工作，这些规则就是有效的。当你把自己辛辛苦苦制订的规则转眼间就抛之脑后，那么它们就是毫无意义的形式。要想让自己的生活和工作摆脱拖延症，我们就必须从现在开始尝试着制订规则，并且给自己规定明确的期限。当你经过最初艰难的遵守，你就会发现自己渐渐爱上了这样的规则和期限，因为它们帮助你更加高效地完成很多事情，也使你有了更多时间心无旁骛地休闲。

心理小贴士：

很多人之所以拖延，就是因为缺乏意志力。预先制订规则，并且制订明确的时间期限，能够很好地激发我们的意志力，帮助我们排除万难按照预期的目标行进。很多原本让人愉悦的事情，一旦无限期地拖延下去，就会惹人生厌。这是因为当你最初接到任务需要完成时，心里觉得很新鲜，但是一旦

你在心里不停地琢磨着这个任务却迟迟不愿意行动,你就会感到无比厌烦,最终觉得这项任务乏味、缺乏意义,甚至觉得它根本没有实现的意义和价值,如此一来,后果可想而知。

关键时刻,成功的机会转瞬即逝

毋庸置疑,每个人都渴望成功,都希望自己能够功成名就。然而,成功的机会有时如同白驹过隙,让人很难抓住。有位名人曾说,“机会都是给有准备的人准备的。”这句话非常形象贴切,如果平日里不努力,松懈懈怠,则等到成功的机会真的从天而降时,你也只能垂涎三尺地看着别人抓住机会,实现梦想。由此,我们又要回到本章的正题:拖延的人能抓住成功的机会吗?除非奇迹出现,答案当然是否定的。很多人瞪大眼睛时刻准备着尚且无法抓住成功的机会,更何况是整日睡眼惺忪、不知所以的你呢!因此,要想成功,我们必须时刻保持机灵,从而不放过每一个转瞬即逝的好机会。

有的时候,即使只拖延一分钟甚至是一秒钟,事情都会发生翻天覆地的变化。你知道在一分钟的时间里有多少婴儿出生吗?你知道在一秒钟的时间里股市会有怎样的动荡产生吗?你知道地球每秒钟运行多少千米吗?只是一眨眼的瞬间,事情就会出现突然的转折。而你,不能在一切都瞬息万变的现代社会,始终保持静止不动的姿势。要想把握住成功的机会,我们就必须与时俱进,更加努力上进。

很多细心的人会发现,我们人生的很多重要转折,并非出现在那些关键的重大时刻,而只是因为一瞬间的关键时点。因此,不管什么时候,我们都要学会把握关键时点,这样才能如愿以偿地更加接近于成功。

作为美国的石油大亨、美孚石油公司的董事长,贝里奇经常四处巡查工作。有一次,在去开普敦视察工作时,贝里奇无意间看到一个年轻的小伙子正跪在地板上清除水渍。与普通的清洁工不同,这个小伙子每擦地一下,就会非常虔诚地以额头触地。贝里奇万分惊讶,情不自禁地上前询问,小伙子说:“我是在感谢一位像万能的上帝一样的人。”贝里奇更奇怪地说：“像上帝一样的人？他是谁呢?”小伙子以非常尊敬的口吻说：“他就是给了我工作机会的人。是因为他，我才顺利找到这份工作，养活自己。”看到小伙子如此感恩，贝里奇笑了，说：“我也认识一位像神仙一样的人，正是因为他的帮助，我才有今日的成就，成为美孚石油的董事长。你愿意见一见我的贵人吗?”小伙子说：“我是孤苦无依的孤儿，从小就是由教会抚养长大的。我愿意报答曾经帮助过我的好心人们，如果这位贵人能够让我在养活自己之余，还有能力报答那些好心人，我很愿意马上就认识他。”贝里奇故作玄虚地说：“在距离这里千里之遥的南非有一座大山，我说的神仙一样的贵人就住在哪里。如果你愿意去，我可以代你请假。不过，你只有一个月的时间，不能多一分，也不能少一秒。否则，圣人就会怪罪于你。”

年轻人当然愿意抓住这个可以改变命运的机会，因而他辞别贝里奇之后马上出发，正好在 30 天的时候赶到了那座大山。然而，他找遍了整座大山，也没有找到贝里奇所说的神仙一样的人。因此，他失望地回来了。刚刚回到公司，他就去问贝里奇：“尊重的董事长，我在山上没有找到你所说的神仙一样的人。我找遍整座大山，只有我自己啊。”贝里奇笑着说：“是的，只有你自己。因为你按时到达，所以你找到了自己成功的机会。你既没有多一分，也没有少一秒，如果你做任何时候都这样刚刚好，你一定能够获得成功。”贝里奇的话让年轻人恍然大悟。从此之后，他抓住每一分每一秒的时间努力奋斗，终于在 20 年后成为美孚石油开普敦分公司的总经理。他就是贾穆纳。

任何人，做任何事情，都需要抓住机会，既不早到一分，也不迟到一秒。而要想做到这一点，我们就必须精准地把握人生的每一次机会，千万不要因为拖延，而失去千载难逢的成功机会。有的时候，成功的机会转瞬即逝，一次延误也许就会导致一生的错失。

心理小贴士：

贾穆纳之所以成功，正是因为他在贝里奇的指引下，在刚刚好的时间里，找到和发现了自己。要想成功，我们既要把握自己的命运，又要抓住分秒的时间，这样才能梦想成真，否则就会竹篮打水一场空，最终导致一切都成为镜中水月。成功是实实在在的，来不得半点虚假。我们只有抓住人生中的每一次机会，才能更加接近成功。

第七章

身心调整:别因不可控制的情绪而焦虑不安

当情绪失控,人们一定会感到焦虑不安,因为情绪就像是一匹脱缰的野马,让人感到无所适从。要想平和地拥抱人生,我们就应该及时调整身心,让情绪变得舒缓宁静,从而才能更加悦享人生。尤其是现代社会,生活节奏越来越快,人们的压力越来越大,很容易陷入焦虑和躁动。在这种情况下,及时进行身心调整就显得更加重要,任何时候都不要因为不可控制的情绪而焦灼不安。

如何避免“焦虑心理摆效应”

也许因为生活压力加大，工作节奏加快，现代人的心情越来越焦虑不安，就像六月的天一样，时而晴朗时而阴雨，让人猝不及防。有些人明明前一刻还非常高兴，后一刻却突然感到心情烦闷，郁郁寡欢。甚至还有些人，因为情绪激动，还会莫名其妙地哭起来。由此一来，让人不知所以，手足无措，自己也变得更加失落，甚至绝望。其实，这样的现象在心理学上并非个例，而是很普遍地存在。面对这样的情绪，人们即使独处也变得很困难，因为会被压抑得像是乌云蔽日一样，根本无法喘息。

心理学家经过研究发现，外界社会的刺激越多，人们的情绪也就越多变，而且很容易陷入两极境地，或者不顾一切地欢乐，或者莫名其妙地悲伤。越是情绪容易激动的人，也就越容易陷入悲伤和失落。就像是一个钟摆，不停地摇摆，处于两极之间。因而，心理学家形象地把这种现象称为“焦虑心理摆效应”。这种效应在现实生活中最明显的表现就是，乐极生悲。很多人非常快乐，突然间情绪就如同被浇了一盆冷水，变得沉寂、落寞。其实，情绪的突然间跌落并非偶然，也是符合自然规律的。就像大海有潮涨潮汐一样，人的情绪也不可能一直都处于高潮时期，也会有跌落、有失落。生活也不会永远都是绮丽的诗歌，必然会有坎坷和挫折，必然会有阴雨和雷暴。因而，我们应该理智正确地对待生活，也宽容地接纳生活的诸多波折，从而让自己保持清醒愉悦的心情。

“焦虑心理摆”并非完全不可摆脱，只要掌握适当的方法，保持心情愉悦，也是能够避免情绪过大波动的。例如，我们应该培养自己的兴趣爱好，让自己的精神有所寄托。很多热爱艺术的人们，每当情绪焦虑时，都可以借助于唱歌、跳舞、绘画、插花等方式排遣情绪。还有些人热爱运动，当感觉到压力倍增时，也可以去郊外远足，或者登山远眺。总而言之，生活并非只是压力，也有很多乐趣，我们唯有开拓自己的视野，看到生活远方的诗意，才能

让生活变得更加多姿多彩,充满乐趣。

最近,也许因为频繁加班,乔乔的心情简直糟糕透顶。她觉得自己的心情就像过山车一样,前一刻和朋友们在一起聚餐时还哈哈大笑,后一刻却不知不觉就陷入沮丧绝望中,觉得自己这么大年纪还没有男友,还没有家,每天住在租来的房子里,过着漂泊的生活,因而无比绝望。

有一次,乔乔一个人待在租住的房子里,居然开始痛哭起来。哭完冷静之后,她意识到自己的情绪有些失常,因为找来闺蜜一起逛街。交谈中,闺蜜听到乔乔描述自己的神经质状态,说:“你呀,最好赶紧去看看心理医生。上个星期,我们公司附近就有个人因为抑郁而跳楼了呢!现代人心理问题越来越多,不可小视。你听我的,我现在就陪你去看看心理医生吧。”在闺蜜的坚持下,乔乔来到心理门诊,诉说自己的状态,心理医生说:“你这是心理焦虑症状,就像钟摆一样,不停地在极端的情绪中摇摆。如果不及时疏导,情况会越来越严重的。”乔乔原本对此不以为然,听到心理医生这么说,不由得紧张起来,问:“那我应该怎么办呢?要吃抑郁症的药吗?”心理医生笑着说:“没有那么严重!你只是情绪有些失控,是因为焦虑引起的。在生活中,要多多给自己找乐子,尤其是在工作压力大的情况下,更要学会及时排遣情绪。如你今天在哭过之后,马上找到闺蜜一起出来逛街,就是很好的方法。当然,你也可以选择健身、唱歌等。总而言之,只要能让你心情平静的,都是好办法。”

在心理医生的安抚下,乔乔总算不那么如临大敌了。她开始重视调节自己的心情,不再那么焦虑不安,也不再那么一味拼命地工作。归根结底,如果没有健康的身体,一切都是零。

除了选择各种适宜的方法来解决情绪问题之外,我们还应该注意调控自己的情绪。也许有人觉得自己的心情当然由自己做主,其实并非如此。在很多情况下,情绪是反复无常的,我们只有做好疏导工作,才能让情绪更加俯首帖耳,顺从我们的调整。

在人的一生中,总不会是一帆风顺的。我们只有更好地对待人生,才能得到人生的厚待。因此,即使调整心理状态,避免“焦虑心理摆效应”,是完全有必要的。

心理小贴士：

所谓“焦虑心理摆”，真的就像一个钟摆一样，时不时地就会摆一下，给我们来点惊喜和刺激。然而，人非圣贤，谁能没有七情六欲呢。我们唯有调整好自己的心态，帮助自己保持情绪的平和稳定，才能更好地悦享人生。

你的生活里，该有心理咨询师

人们一直以来，已经习惯了生活中有医生的存在。毕竟，人吃五谷杂粮，哪有不生病的呢。每当有头疼脑热的时候，人们总是会去医院，接受医生的问询、检查和治疗。尤其是随着医学技术的发达，现代社会已经解决了很多以前的疑难杂症，帮助人们减轻了因病而生的痛苦。那么，身体生病了去医院，如果是精神上生病了呢？应该去哪里呢？在西方国家，很多人都习惯于去看心理医生，甚至有些人会定期接受心理医生的心理疏导。在我们国家，心理医生并没有那么普及，人们也没有形成心理出现问题去看心理医生的习惯。大多数人总是觉得，心情不好就缓一缓呗，过一段时间自己就会好了，有什么必要耽误时间也花费很多金钱去看心理医生呢？就这样，大多数人的心理疾病总是被拖延。直到社会上出现了越来越多的因为心理问题自杀的人，人们才恍然大悟地意识到，心理疾病对人的负面影响也是很大的，必须要引起重视。

在你的生活里，有心理医生的位置吗？你是否曾经因为情绪焦虑而去接受过心理医生的心理疏导呢？与为我们的身体治疗疾病的医生一样，虽然心理医生看似没有那么重要，实际上也是每个人的生活中不可或缺的。既然人生注定要充满波折，我们的心情就像大海上的天气一样阴晴不定，我们就应该把心理医生作为我们生活中合理的存在，学会接受心理医生，学会适应心理医生的治疗。

最近，亨利被派到中国地区工作。因为开拓新局面，他废寝忘食，每天都承担繁重的工作，还要承受巨大的压力。一段时间之后，他不但得了胃

病,而且情绪也很不稳定,变得歇斯底里。有时,他看到下属们作出任何工作的成就,就会马上变得特别高兴。有时,下属们哪怕犯一个小小的错误,都会马上刺激得他歇斯底里,怒吼的声音恨不得把屋顶掀翻。渐渐地,下属们看到亨利都像老鼠见了猫一样避之不及,这给亨利开展工作带来了极大的障碍。

渐渐地,开始有人写信去总部投诉亨利的魔鬼工作模式和暴躁无常的情绪。亨利得到反馈后,这才意识到自己应该改变现状了。否则,不但工作毫无进展,自己的身体和情绪都会出现很大问题。经过一番思考,亨利回到美国去看心理医生。同事们知道这件事情都觉得很奇怪,就因为情绪不稳定,就远渡重洋回美国去看心理医生,这也未免太夸张了吧?正在他们的疑惑中,亨利回来了。回来后的亨利就像变了一个人,再也不歇斯底里,更不会废寝忘食地工作。为了给下属们提供更好的工作条件,他还接纳了心理医生的建议,在公司成立了专门的心理门诊。所有的员工,如果心情压抑或者情绪低落,总而言之,只要觉得自己需要心理疏导,就可以去心理门诊寻求帮助。刚开始时,中国的很多同事都对此不以为然,觉得这是完全没有必要的。但是,随着工作压力的增大,包括生活上也会出现很多让人忧愁的事情,他们开始习惯有事没事就找心理医生聊聊,很快,心理诊室就成为全公司最忙碌的部门。让亨利高兴的是,大家在咨询心理医生之后,都变得心情轻松愉悦,工作效率也大幅度提高了。

不管是从生活的角度还是从工作的角度来看,每个人都需要心理医生的帮助。如今,很多大型的企业都会像亨利一样在企业内部设立心理诊室。表面上看,这给企业增加了开支,实际上,当大部分员工都因为心情舒畅而提高了工作效率,则回报是非常丰厚的。

心理小贴士:

身体会生病,心理也会生病,心情更是像捉摸不定的天气一样时而晴朗,时而阴雨。面对人生的悲欢离合、众生百态,我们必须先调节好自己的心态,才能更好地面对外界的一切。从现在开始,就让心理医生走进你的生活吧,相信你一定会有惊喜的收获。

慢生活，不仅孩子需要

想一想，从无忧无虑的孩童时代结束后，你已经度过了多长时间的忙碌生活？曾经，我们还年少，不会为了生活中的柴米油盐酱醋茶而操劳，更不担心未来的生活到底以何种面目出现。生活之于我们，就像是一条慢慢流淌的河，哪怕我们原地静止不动，也会被河流引领着慢慢长大。但是，等到我们真的长大，却发现长大一点儿都不好玩。不但每天要面对纷繁复杂的世界，还要承担繁重的工作，还要面对多变的人心……总而言之，我们失去了童真的乐趣，还不得不被节奏紧张的生活推着朝前走。

如果你生活在大城市，你会发现几乎每个人都行色匆匆，尤其是上下班的高峰期，人们都像是被洪流裹挟着一样身不由己，在钢筋水泥的丛林里奔波。即使是在农村，也很少见那种悠然自得的生活了，大多数年轻人外出去大城市打工，家里只剩下留守的老人和孩子。即使偶尔回家探望，也定然是行色匆匆。慢生活，到底是一种怎样的生活呢？几十年前热播的《篱笆女人和狗》会给你最好的诠释。虽然农村生活常常局限于家长里短，但是那其中的悠然自得的确让人羡慕。也许有人会说，现在还去哪里找农村呢？农村早就被城市包围了。然而，即使城市包围了农村，只要那些闲适的心还在，你依然可以享受慢生活。

如今，因为没有老人带孩子，很多女性朋友都全职在家带养孩子。但是她们心中的烙印并没有消失，我们常常会听到她们不停地催促孩子快点儿啊，快点儿啊。殊不知，孩子的世界里没有快慢，他们只想慢慢地享受生活，专心致志地做好每一件事情。如果陪伴着他们的妈妈们也能调整自己的心态，慢慢地等待孩子享受生活，那么妈妈们渐渐地也会改变心情，更加专心致志地品位生活的各种滋味。相反，如果妈妈们一味地催促孩子，则会让孩子们失去用心感受生活的机会，对于他们的成长也是不可估量的损失。实际上，不仅仅孩子们需要慢生活，成人更需要慢生活。日复一日的忙碌和操

持,已经让我们的心变得无比坚硬。只有慢下来,享受生活的节奏,我们才能细细观赏人生旅途沿路的花朵。

在遥远的南部大山里,有个乡村山清水秀,那里长寿的老人很多。在几千里之外繁华的大都市里,有个富翁为了事业和成功已经拼搏了半生。然而,在被查出患有肺癌的那一刻,他突然觉得生命的一切都失去了意义。他拥有很多金钱,但是还从未踏踏实实全心全意地陪伴过孩子任何一整天的时间;他拥有豪车大宅,但是妻子却始终独守空房,在漫长的等待中度过了一个又一个夜晚;他功成名就,却再也没有时间享受拼搏之后的果实……此时此刻,他只想想尽办法延续自己的生命,哪怕付出一切的代价。

一个偶然的机会,他从网页上看到关于这个村庄的消息。既然这里是长寿村,而且还有一个千年不断泉水的泉眼,他为什么不去那里寻找生命的延续呢!已经有很多人蜂拥而至这个村庄,他们的目的和他一样。千里迢迢来到这个村庄之后,他发现这里和很多其他的村庄并没有太大的区别。唯一不同的是,这里的人们都很悠闲。他们每天日出而作,日落而息,不忙的时候就搬着桌椅板凳去泉眼下的山洞里聊天、打牌,或者睡觉。这个山洞冬暖夏凉,带着清泉潮湿的气息,让人觉得非常舒适。虽然他不确定这泉水能否真的能救命,但是依然虔诚地把它喝了下去。接下来的日子,他也和当地人一样,每天在山洞里休闲,有时候就是心无杂念地静静坐着。如此半年多之后,已然到了医生为他宣判的死期,但是他活得好好的,而且觉得身体日渐轻灵,心思也轻松了很多。在生命的终点即将到来时,他突然看破一切,于是打电话给妻子变卖公司,决定下半生就在这里度过。他再也没有关心过癌症的存在,但是却奇迹般地活了很久。

慢生活拥有神奇的魔力,能够抚平人们身体上的创伤,让人们在忙碌之余,感受身心的悸动。现代人,还有几个人能够兼顾自己的身体健康,还有几个人能够在紧张的生活之余关注自己的心灵。其实,事例中的富人也许并非是因为喝了山泉水而百病全消的,最重要的是他在生命的大限到来之际,学会了放下,学会了舍弃,学会了回归生命的本质。如此一来,他就能与自然的力量融为一体,从而帮助自己的身体痊愈,也帮助自己的心灵找回充实和宁静。

心理小贴士：

生活，不仅只有疲于奔命这一种活法。当我们为了金钱权势和名利而奔波时，我们无法想到人生失去这一切会怎样。但是，当你真正意识到人生没有金钱权势和名利一样也能活得洒脱时，往往已经到了生命的尽头。要想让自己更加充实快乐地度过这一生，我们就要尽早想明白这个问题，也尽早给自己的人生松绑。

寻找发泄方式，缓解焦虑情绪

对待焦虑，很多人采取压抑的方式。殊不知，焦虑越是受到压制，就越是奋力反抗，导致最终湮没人们的情绪，使人们彻底被焦虑奴役。明智的人不会一味地压制焦虑的情绪，相反，每当焦虑来袭时，他们会在第一时间内寻找最佳的办法，发泄焦虑。焦虑就像大禹治水一样，宜疏不宜堵，否则就会导致决堤，导致情绪最终失去控制。

宣泄焦虑的方式有很多种，例如可以做一些自己喜欢做的事情，或者唱歌，或者爬山，或者蹦极。现代社会，因为生活和工作压力无限增大，所以很多人都喜欢采取极限运动的方式来发泄情绪，例如跳伞、滑翔。这些运动听起来危险性很高，但是人们恰恰就是在荷尔蒙飞速提高的过程中，感受完成任务松懈下来的片刻愉悦。打个形象的比方，焦虑就像是我们身体上的一个脓疮，如果一味地捂着藏着，只会让这个脓疮在不知不觉间溃烂，甚至影响身体的健康部位。对付脓疮的最好办法，就是干净利索地铲除脓疮，然后再进行消毒，给身体以复原的时间和机会。当你发泄完心底的焦虑，你就会觉得一身轻松，通体舒畅。

有一天，夜已经很深了。一个小华突然喊醒身边正在熟睡的丈夫，恶狠狠地说："告诉你，我很讨厌我们单位的娜娜。"丈夫睡眼惺忪，不知所以，嘀嘀咕咕地说："你神经了吧。你睡到半夜讨厌娜娜，难道你做梦梦到她了吗？那也一定是你脑筋不清醒了。"小华依然不依不饶地说："我没做梦。但是你知

道吗,娜娜不管什么事情都做得非常出色,深得上司的喜爱。但是她这个人可不怎么样,她是个两面三刀的小人,总是以各种各样的借口和理由,在上司面前说我的坏话。"丈夫迷迷糊糊地说:"这样可不好。"小华说:"是啊,与这样的同事相处,简直是对人的折磨。最让人气愤的是,我的上司也是个糊涂虫,居然准备重用娜娜。难道他们只在乎才能,而不在乎人品,人品不才是最重要的吗?"丈夫睡意全无,说:"人品的确很重要,那你准备怎么办呢?"小华一语不发,过了好久才说:"睡觉。"说完,她倒头就睡,留下瞪着眼睛一夜无眠的丈夫。

第二天清晨,丈夫早早地喊醒小华,问:"关于昨天晚上说的事情,你打算怎么办?"小华不知所以,反问:"什么事情?"丈夫说:"就是你说的娜娜的事情啊,还有你们那个糊涂虫上司。"小华笑了,说:"还能怎么办,凉拌啊!我在这个单位都十年了,总不至于因此换工作吧。"丈夫有些恼怒:"你不准备怎么办,为什么昨天半夜三更地把我喊醒,害得我一晚上没睡好啊?"小华说:"我只是觉得忿忿不平,越想越生气。你知道吗,昨天娜娜居然当选年度最优秀员工了,她凭什么啊!所以,我必须找个人说出来,发泄心中的怒气,不然我怎么可能睡觉呢!"听了小华的话,丈夫哭笑不得:"但是你却害得我没睡好啊!"小华说:"哎呀,你听完就可以忘记了,何必当真呢!"

在这个事例中,小华显然是想通过倾诉的方式发泄自己的愤怒和焦虑。如果她一直把这件事情放在心里,又不能和单位里的同事说,毕竟世界上没有不透风的墙,那么她肯定会觉得很憋屈。因此,她到了半夜依然难以入眠,最终只好把丈夫叫醒,借给她一双耳朵。如此一来,她如同竹筒倒豆子般说了个痛快,等到心中的愤怒和焦虑全都烟消云散时,她也就能够安然入睡了。

每个人发泄焦虑的方式都不同。但是,不管采取哪种方式,只要是对他人无害的,对自己有利的,就可以放心去做。需要注意的是,有些人心情不好时喜欢喝酒,喝醉了之后给身边的家人朋友带来困扰,这是不可取的。而且如此长期下去,还很容易酗酒。虽然发泄焦虑很重要,但是一定要采取积极健康的方式,不可误入歧途。任何时候,人生的坎坷挫折都不是我们放纵沉沦的理由,即使你以焦虑为借口也不可行。

心理小贴士:

虽然压抑情绪能够暂时解决问题,使你的焦虑看起来不那么明显,但是只是短时的功效，长时间也许会导致事与愿违。面对有人因为曾经的伤害而焦虑很长的时间，心理医生给出的最好方式就是不断回忆受伤害的过程，直到发自内心地接受这个伤害，也就不会再因此而焦虑。这是根治焦虑的办法，如果你也正因为焦虑而深受其扰，不妨试一试。

宁停三分不抢一秒，焦虑也要等红灯

在学习交通法规时，我们总是被交警老师再三告诫：宁停三分，不抢一秒。这是因为生命无比脆弱，有的时候常常因为这一秒钟的冒进，导致生命戛然而止。对待焦虑，我们也应该采取这样的思路。有些人一旦遭遇意外的事情，马上就会情绪失控，让焦虑如同洪水般湮没上来，导致自己根本无法招架，最终在冲动之中做出让自己懊悔不已的事情，可谓损失惨重。其实，焦虑也应如同等红灯，宁停三分不抢一秒。不是有人说过嘛，冲动是魔鬼。我们唯有控制好自己的情绪，避免冲动，才会尽量减少自己的懊悔。

每个人要想征服全世界，首先必须成为自己的主人，而作为自己的主人，一定要能够控制情绪。倘若连主观上的自己都不能控制，则对客观外物的一切征服都是空想。由此可见，焦虑影响我们的不仅仅是心情，也影响我们的信心，因此对我们的人生至关重要。要想正确引导焦虑，使其负面影响转化为正面影响，最重要的不是对抗焦虑，而是从心底里悦纳焦虑，使其成为理所当然的存在，从而找到更好的消除焦虑的办法。前文说过，适当的焦虑会起到正向积极的作用，促使我们化压力为动力，从而更好地帮助我们成长和尽快成熟。但是当焦虑过度，就会影响我们生活的方方面面，甚至让我们因为冲动做出违规违法，或者让我们后悔的事情。因此，当焦虑如同潮水般侵袭而来时，不如静下心来想一想，让我们躁动的心恢复清醒和理智。

苗苗失业了，而且又被查出患有卵巢囊肿，需要马上手术。这个消息如同晴天霹雳，让苗苗的生活如同发生了地震一般，凡事凡物都不在原位了。对于这一团糟的生活，苗苗简直不知道应该如何面对。当她怀着满腹心事

回到家里时,偏偏孩子调皮捣蛋,打碎了一套她最珍爱的瓷碗。苗苗只觉得血往头上涌,生活处处不如意简直让她发狂。为此,她不假思索地抬起手,在孩子的屁股上狠狠地打了一巴掌。孩子马上撕心裂肺地哭了起来,一个人躲在角落里,不敢再来烦妈妈。

冷静下来之后,看到孩子的模样,苗苗感到非常心疼。老公下班回家之后,也尽力安慰苗苗:"卵巢囊肿没什么可怕的,手术就能痊愈。工作没了可以再找,你还有家,还有我,还有孩子。"老公的话给了苗苗莫大的安慰,她懊悔地哭起来说:"我不该打孩子,我不该把气撒到孩子身上。"老公正色说:"你的确不该打孩子,这一点必须批评。世上没有过不去的火焰山,我们只要一家人在一起,就能战胜一切困难。孩子是我们的希望,而且你也的确吓到他了。"经过这次发泄,苗苗的情绪恢复了平静,她再也不会随便发脾气了,尤其不会在情绪冲动的时候做任何事情。因为她知道,冲动是魔鬼。

苗苗的经历相信很多妈妈都曾有过,作为一名职业女性,不但要承担工作的压力,照顾家庭和亲人,更要顾全生活的方方面面,尤其是当很多糟糕的事情在一瞬间发生时,的确让人感到身心俱疲。即便如此,生活也不会有片刻停顿,而是会依然片刻不停地向前,向前,再向前。我们唯一能做的就是控制自己,保持清醒和理智,一路向前。

在漫长的一生中,焦虑也许会与我们如影随形。面对纷繁复杂的世界,我们无法做到每一刻都心如止水,因而总是难免会心情激动。在这种情况下,唯有成为情绪的主宰,努力控制情绪,让其避过最冲动的时刻,才能帮助我们躲避焦虑,也从而得到安静的心绪。有很多简单的方法不妨试一试,例如焦虑时在脸上挂满笑容,即使这笑容是生硬地挤出来的,你也会发现自己马上心情好转。这几乎是对待焦虑最信手拈来、轻而易举,也最立竿见影的方法。当你渐渐地习惯微笑,你就会发现微笑是焦虑的天敌。尤其是当你的面部保持着微笑的表情时,焦虑就会消失得无影无踪。

心理小贴士:

归根结底,控制和调整情绪并非你想象中那么困难。只要你用心地去做,你就能够取得良好的效果。如果你能够长期坚持下去,你就会成为情绪当仁不让的主人,也会成为自己命运的主宰。需要注意的是,转移和调整情绪一定

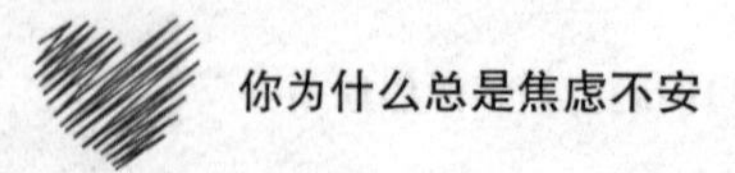

要及时，如果等到焦虑的爆发酿成恶果，再亡羊补牢就会让人心生遗憾。

情绪也像衣柜，需要你理出头绪

对于一个喜欢生活在清洁和有条有理的环境中的人而言，定期整理家务、清洁衣柜是必须的事情。一个淡定从容地享受生活的女人，总不愿意从杂乱无章的衣柜中随便找到当天要穿的衣服，而且它们还皱皱巴巴的。因此，如果你真的想要了解一个女人，不必看她出现在公众面前时的衣着是否光鲜亮丽，妆容是否精致完美，你只需要找机会看看她的衣柜，就能对她进行一定深度的了解。

那么，在我们整理衣柜的同时，我们是否意识到情绪也需要整理呢？因为各种各样的事情产生的各种杂乱无章的情绪，也是我们畅享生活的天敌。如果你的应变能力不够强，还很可能在事情突发的时候导致手足无措，所有事情会变得一团乱麻。情绪，是思想的表现，思想主宰着我们的命运，影响着我们的生活。可以说，每个人要想拥有成功的一生，最重要的问题就是选择和坚持正确的思想。假如我们能够做到这一点，我们的人生就会更容易得到成功，也更容易让我们满意。假如我们总是悲观绝望，所思所想都是让人泄气的事情，那么我们就会陷入莫名其妙的悲伤之中，甚至为此焦虑不安；假如我们的所思所想总是让人亢奋昂扬，那么我们总能够感受到喜悦和兴奋，生活也会因此而变得积极乐观，带给我们满心愉悦。这就是思想的魔力，它几乎是我们生活的基础。当然，这么说并不意味着我们每个人都要随时保持乐观的态度对待生活。毕竟，生命总是带给我们意外的惊喜，也总是突然让惊吓从天而降，甚至安排我们接受灾难的磨砺。悲伤哭泣是难免的，我们当然有哭泣的权利，但是我们应该积极。这一点是不可改变的。如果能够做到定期整理情绪，把那些消极负面的情绪清除出去，让我们不管面对好事还是坏事，都能冷静接受，都能永不放弃，那么我们就是无法战胜的，即使是命运也要臣服于我们。

对于琳达而言，最近的生活简直太糟糕了。原本，琳达是个精致的女人，非常崇尚精致的生活。她不允许自己的生活一团杂乱，缺乏情趣，所以凡事都喜欢未雨绸缪，安排得井井有条。但是最近琳达的事情实在太多了，简直分身乏术，也没有时间和精力再去收拾家和收拾自己。

琳达单位接了一个很大的项目，琳达是原定的项目负责人，这意味着她要忙碌至少三个月。如果仅仅是工作上的事情，琳达还是可以应付的。但是，琳达的婆婆突然生病住院，需要做心脏支架手术。紧接着，琳达的爸爸又因为突发脑溢血，正在医院的ICU里特别看护，每天都要一万多元的抢救费。更糟糕的是，琳达的妈妈因为急急忙忙地赶往医院，也摔伤了腿，整条腿都打上了石膏。而琳达的老公已经被派往南非一年了，根本不可能回来帮忙。为此，琳达简直忙得焦头烂额，在医院里送饭都送不过来。为此，她深切地憎恨独生子女政策，哪怕她和老公任何一个人有个兄弟姐妹也好啊！琳达简直想要哭出来，她无力承担这一切，又不愿意放弃工作。在一个仓皇失措的午后，琳达拿出一张纸，写下了自己面对的诸多困难。最终，她把这些麻烦事都安排好了，也整理好了自己的情绪，擦干眼泪，开始像个女强人一样去安排这一切。

婆婆的心脏支架手术很快就完成了，术后只需要卧床静养几天，因此琳达花钱给婆婆雇了一个护工，全天候二十四小时照顾婆婆；爸爸的脑溢血是需要长期照顾的，恰巧琳达的大姨和大姨夫在农村赋闲，因此琳达把大姨夫请来照顾行动不便的爸爸，又让大姨负责照顾腿上打着石膏的妈妈；琳达还让孩子暂时在学校寄宿，吃住都在学校里，也省去了接送的麻烦。安排好后，琳达照常努力工作，每天一下班就赶回家给吃了一天医院里大食堂饭的亲人们做好饭，分别装好，送到医院。有的夜晚，她还会替换大姨和姨夫回家休息，洗澡。这么做完之后，琳达再也不觉得心乱如麻了，反而有种如释重负的成就感。远在万里之外的丈夫听到琳达对这一切事情的合理安排，不由得连声夸赞。

如果琳达没有及时调整自己的情绪，安排好这些茫无头绪的事情，也许很快就会被焦虑压垮，甚至自己也会因为身体和精神的双重疲劳倒下。幸好，她悲伤之余还保持着清醒和理智，因而很快就能做出各项合理安排，由此也帮助自己恢复了轻松和镇定。现在的琳达，除了比平时更加忙碌之外，每一个亲人都得到了最佳的照顾。而且,她依然能够从事自己喜爱的工作,并没有放弃任何重要的东西。试想一下,琳达处理和安排这些事情的过程,是不是就像我们平时分门别类地收拾衣柜呢！看着一片清爽、每个物品都摆放在合理位置的衣柜,你也一定觉得神清气爽吧！

一个人是否快乐,并不在于他拥有多少,而在于他能否合理安排生活,并且掌控自己的情绪。当一切都有条不紊地进行时,你的生活就是成功的,更是幸福的。很多情况下,情绪受到行动的影响超乎我们的想象,因而如果你想捋清情绪,就不要任由事情杂乱无章地发展。当你把很多面对的难题都分别处理好后,你的情绪也会随之变得清净和愉悦。

心理小贴士:

情绪需要整理,这听起来简直不可思议。但是,当你把自己的生活整理好,你的情绪也会各归其位,帮助你重新找到生活的快乐和乐趣。需要注意的是,对未来的莫名担忧和恐惧也是情绪紊乱的根源。所谓活在当下,就是让我们把更多的关注点集中于今天,这样才能心无旁骛地过好每一个今天。

第八章

消除妒忌：忌妒他人优秀只会透露自己无能

妒忌是人生的毒瘤，很多人因为妒忌心强，总是与他人攀比，在比不过他人的时候又忿忿不平，心生焦虑，最终非但没有影响他人，反而把自己闹得无心生活，颓废沮丧。那么，如何才能摆脱妒忌心理呢？其实，妒忌他人的人大多数是不够自信的。因而，摆脱妒忌的根本就是要树立自信心，不要动不动就觉得他人比自己强。如果你充满自信，你还会妒忌他人吗？

每个人都向死而生,理应珍惜生活

每个人都曾经在心里暗暗地妒忌过,唯一不同的是,有些人表现出自己的妒忌,有些人压制自己的妒忌,有些人隐藏自己的妒忌。不管如何掩饰这种情绪,妒忌都存在,就在你的心里,从来不曾远离。如何才能获得真正的幸福和快乐呢?只要妒忌一天不离开你的内心,你就很难得到心灵的平静,更别说是幸福快乐了!人们妒忌他人的理由形形色色,有的人妒忌他人比自己长得漂亮或者英俊,有的人妒忌他人学习成绩比自己好,有的人妒忌他人有一份好工作,还有的人妒忌他人家境富裕,生来就是富二代……妒忌的种子一旦生根发芽,就会在人们的心里长成苍天大树。

前段时间网络上的一则杀害幼童案,让所有知道的人都觉得不可思议,更是对凶手恨之入骨。一个几岁的孩子,突然间失踪,最终经过寻找,才发现已经被人剜去眼睛,而且丢弃在田间地头废弃的枯井里。这个孩子到底得罪了谁,让对方有如此的深仇大恨呢?家人伤心欲绝,却百思不得其解。即便是父母和爷爷奶奶、姥姥姥爷,也都是世世代代的老好人,从来不曾与村邻争吵过。直到公安机关废寝忘食地调查取证,最终才得出一个让所有人都深感意外的真相。原来,这个孩子从小跟随姥姥姥爷生活,他的父母都在外地打工。每次回家,他的父母总会因为愧疚和亏欠孩子,带很多吃的玩的回家。孩子舅舅家距离姥姥姥爷家很近,因此舅妈每次看到孩子的父母带着大包小包回家,却没有给她家的孩子带任何礼物,导致心生妒忌,最终情绪爆发,选择残忍地杀害了年幼的孩子。这则新闻在网上一度成为热点,是因为人们无论如何也想不通,这个夺人性命的女人到底有多么狠毒的心肠,居然对一个无辜的孩子下手。这就是妒忌的野草在心里疯长,最终让愤怒战胜了理智,所以才会做出如此丧心病狂的事情。

妒忌到底有何不好呢?妒忌没有任何好处,有的全都是坏处。妒忌他人,让我们无法平心静气地与他人相处,最终损害人际关系;妒忌他人,让我

们原本平静的心波澜起伏,最终失去宁静;强烈的妒忌,让我们失去理智,做出追悔莫及的事情……妒忌是毒瘤,我们必须尽早铲除这颗毒瘤,才能更好地面对生活,更平静地面对千千万万个比我们优秀和幸运的人。心胸宽大的人,在看到他人的成就时,会羡慕,会祝福,唯独不会妒忌。为此,他们总是平静而快乐,也很容易满足。这就是没有妒忌心的好处,也是命运最珍贵的馈赠。记住一位哲人说的话吧:妒忌是魔鬼。

很久以前,思雨和若彤是好朋友。但是,随着学业的加重,进入初中之后,她们的友谊渐渐淡漠了。这一切,都是妒忌惹的祸。思雨在学习上比若彤更好一些,因而,若彤小时候经常被老师和家长叮嘱要向思雨学习。起初,若彤毫无感觉,依然和思雨是好朋友。但是到了初中之后,每当有人再这么说的时候,若彤就会很生气。渐渐地,她把愤怒转嫁到了思雨身上,处处看思雨不顺眼。

每天完成作业的时候,她都情不自禁地猜测思雨花了多少时间写作业;每到考试的时候,她一边考试,一边都会暗暗想着哪道题思雨会做,哪道题思雨不会做;甚至连早晨起床上学,她都要把闹铃定早半个小时,以便比思雨更早地到校。为此,思雨渐渐地妒忌心理越来越强,直到有一次期末考试,她又屈居思雨之下,位列第二,她冲动地把思雨的书包拿到操场上扔掉了。这件事情,让她们原本勉强维持的友谊现出原形,思雨这才知道若彤一直在妒忌她。这样的妒忌并没有帮助若彤进步,反而让若彤因为整日心神涣散,成绩一落千丈。后来,父母得知此事后很无奈,只得帮助若彤转到一个新学校,才帮若彤摆脱了对思雨的妒忌心理。

因为妒忌他人,反而影响了自己的学习和生活,不可谓得不偿失。每个人的人生都是短暂的,为了让自己的人生变得充实而有意义,我们必须戒除妒忌。其实,人与人之间不应该漫无目的地比较。当你妒忌别人的工作比你好,当你妒忌别人长得比你漂亮,当你妒忌别人有一个好老公,这时你也应该看到自己有很多长处,例如性格开朗,身材高挑,老公虽然不能挣很多的钱,但是非常疼爱你,孩子也乖巧可爱……这些,说不定在你妒忌他人的时候,也正是他人妒忌你的原因。而且,从另一个角度来说,人与人之间非要争个高下输赢实在是无聊的举动。人,不管是权贵显赫,还是贫民百姓,每个人都是向死而生的。从婴儿呱呱坠地开始，就开始走向死亡。那么，我们一定要让这个过程愉快而又美好，充实而富有意义。这样，我们才不枉在人世间走一遭。

任何时候，妒忌他人都会让自己成为最大的受害者。因为如果你隐藏妒忌，那么对方一定浑然不觉；如果你表现出妒忌，对方说不定因为能够引起你的妒忌而沾沾自喜。长期在妒忌心理的影响下，人们还会产生阴暗心理，甚至默默地诅咒他人。这种情绪的不断累积，很有可能让人们做出失去理智的事情，导致遗恨终身。既然如此，我们为何不好好地过完自己的一生，而要把宝贵的时间浪费在妒忌他人这件事情上呢！聪明人一定不会这么做。

心理小贴士：

妒忌之心不会原地踏步，只会随着时间的流逝而逐渐加深。生活中，只有明白事理、心胸开阔的人，才可能摒弃妒忌心，做一个淡定平和的人。朋友们，当你意识到自己已经开始妒忌他人时，一定要及时调整情绪，及时控制自己的妒忌之心，这样才能帮助你更好地享受生命。

妒忌，让你的生活扭曲变形

毫无疑问，妒忌是一种负面情绪，带给人的总是焦虑和伤害。随着妒忌心理的产生，人们的内心失去了宁静，各种负面情绪都会接踵而来，诸如恐惧、畏缩、敏感、脆弱、邪恶……这些情绪最终会战胜我们心中的真善美而占据主导地位，由此一来，曾经单纯美好善良的人，也会因妒忌导致心理扭曲，甚至导致生命也变得扭曲变形。如此一来，还谈何拥有幸福美好的生活呢？可以说，任何一个被妒忌之心强占的人，都没有幸福和快乐可言。

妒忌不但会扭曲我们的心灵，还会让我们失去理智，一味地沉浸在妒忌之中。常言道，一叶障目，不见泰山。被妒忌心控制的人，总是盲目地羡慕他人，处处否定自己，长此以往，必然失去信心。为了能找到对方的破绽或

者漏洞,我们甚至还会不遗余力地观察对方。然而,当你真的发现了对方的缺点或者短处,你又有什么办法呢?人贵有自知之明,如果通过找到他人缺点的方式战胜他人,实不足取。因为你的胜利仅仅是心理上的一点点优势,一旦再次遇到强大的对手,你马上又会陷入妒忌的漩涡。实际上,妒忌他人完全没有必要。在这个世界上,绝对没有两片完全相同的树叶,也绝对没有两个完全相同的人,更绝对没有两个完全相同的人生。与其妒忌他人的人生,我们不如把更多的关注点集中在自己身上,从而活出属于自己的精彩。等到这个时候,你就无须再去妒忌他人,也许他人还会反过来妒忌你呢!所谓如人饮水冷暖自知,生活对于每个人都是如此。还有位名人说过,鞋子合脚不合脚,只有脚知道。同样的道理,你过得好不好,只有你自己知道。生活中,有太多外表光鲜亮丽、内心苦水无边的人。但愿,你能够摆脱妒忌,过好自己的生活,永远也不要成为那样的人。

大学时代,杨慧最妒忌的人就是徐娜。究其原因,就是因为徐娜长得比杨慧漂亮,而且有一个英俊潇洒、努力上进的男朋友,徐娜的男朋友叫杜刚,在曾经的很长一段时间内,杨慧都在暗恋杜刚。甚至,杨慧还委托当时最好的朋友徐娜,去帮她向杜刚表白。不想,杜刚根本不喜欢杨慧,反而在徐娜几次与他谈心的过程中,喜欢上了善解人意的徐娜。

当看到自己信任的好朋友在杜刚的强势追求下,最终成为了杜刚的女朋友,杨慧痛苦极了。然而,一切都已经无可挽回,况且,杜刚也并没有劈腿。最终,杨慧自己消化了痛苦,却从此对徐娜万分妒忌。因为妒忌,杨慧陷入了学习的怪圈。不管是否是自己喜欢的兴趣课程,只要徐娜参加了,杨慧也一定参加;徐娜考过了英语四级,杨慧就不顾一切地考过了英语六级;徐娜把长发剪短了,杨慧就把头发剪得更短……总之,杨慧想要从各个方面都超过徐娜,却在不知不觉中模仿着徐娜。在这样的煎熬中,杨慧终于等到了大学毕业的日子,原本父亲已经为她联系了一份很好的工作,但是她却因为徐娜留校了,也非要父亲想方设法帮助她留校。为此,父亲不得不四处托关系,找熟人,才帮她在大学校园里找到了一个辅导员的工作。妈妈不理解杨慧为什么要这样,经过再三询问,才知道真正的原因,妈妈感慨地说:"你呀,真是个没长大的孩子。你至于为了单相思而搭上自己的一辈子么!"妈妈的话，给了杨慧很深刻的启示，在意识到杜刚其实对她没有任何责任和义务之后，杨慧选择了黯然离开，她决定像妈妈说的一样开始自己崭新的生活。

因为妒忌，杨慧迷失了心智，甚至决定要继续这么与徐娜对抗下去。实际上，杜刚作为这件事情的导火索，从始至终都不喜欢杨慧，因而也就无所谓背叛。至于徐娜，也不是插足的人，完全有权利自由地恋爱和接受杜刚的追求。如果杨慧继续这样妒忌下去，说不定还会做出什么失去理智的事情呢！幸好，妈妈一语惊醒梦中人，让杨慧适可而止，抓紧时间寻找自己的美好生活。这样，事情才算告一段落。

妒忌，不但会让人心扭曲，也会让人们的生活随之扭曲。如果妒忌他人的后果就是以付出自己的生活和幸福为代价，这样的妒忌未免损失惨重。从现在开始，我们就要摆脱妒忌，面对他人的强大，表示羡慕和祝福。对于自己不如他人的地方，有能力就追赶，能力不足就放弃。任何输赢，都比不上内心的平静淡然更重要。

心理小贴士：

适当的妒忌，也许会激发我们的上进心，让我们拼尽全力去追赶他人。然而，一旦妒忌之火蔓延，就会使人们迷失心智，甚至做出丧失理智的事情。因此，对于生活中那些让我们妒忌的人和事，我们必须摆正心态，尽量宽和敦厚。当然，倘若你能发挥个人魅力，把那些优秀的人都吸引到身边，与他们成为朋友，则收获会更多。

落地为根，你总能花开遍野

很多时候，我们之所以妒忌他人，并非是因为他人多么优秀，而是因为我们自身一无所有。举个最简单的例子，一个乞丐每天衣不蔽体，即使看到一个穷人有个遮风挡雨的小窝棚，也会觉得很羡慕。如果内心狭隘，则这份羡慕就会演化为妒忌。再比如，一个人在高考中失利，与心仪的大学失之交

臂,那么看到其他同学高高兴兴地奔赴大学校园等待开学,他定然也会羡慕,甚至妒忌。在这种情况下,应该如何消除妒忌呢?一味地因为心理阴暗诅咒他人,恨不得命运一夜之间把他们剥夺得失去所有,并不能解决问题。因为即使他们真的变得不如你,这个世界上也依然有很多人都远远地超过你。

不可否认的是,每个人的天资都是不同的。有的人也许擅长绘画,有的人也许擅长舞蹈,有的人也许擅长科学研究,有的人也许擅长种地……这也就决定了每个人都要找到属于自己的领域,才能做出与众不同的成就。既然如此,我们就不能随意地和别人攀比,因为我们很有可能是在拿自己的短处与他人的长处相比。如此一来,怎能不感到心理备受打击呢!关于人生,攀比只会让人痛苦,最高明的做法是客观认知和评价自己,从而最大限度地发挥自己的能力,收获属于自己的精彩人生。只要做到了这一点,人生就可以无憾了。把自己当作一粒种子吧,只要你愿意落地为根,即使是在人迹罕至的偏僻地方,也能花开遍野,创造属于自己的灿烂世界。

有个女孩家在偏僻的乡村,上学时尽管非常努力,成绩却始终不理想,最终在高考中与心仪的大学擦肩而过,勉勉强强进了一所名不见经传的民办大学读书。毕业后,因为没有过硬的文凭,她整整三个月都没有找到合适的工作,最终身无分文,无法继续留在大城市,只好背起行囊打道回府,又回到了偏僻的家乡。后来,村里的小学需要代课老师,她就去当代课老师,但是第一节课只上了一半就因为吐字不清被学生们赶下讲台。她万分沮丧地回到家里,母亲却说:“没关系,有些人就像茶壶里煮饺子,肚子里有,但是说不出来。那咱们就不当老师,因为这份工作不合适。总会有合适的工作,你一定能找到的。”

女孩和村里的小姐妹们一起去南方城市打工。然而,她每天都因为笨手笨脚而无法完成工作量,半个月之后,也被辞退了。母亲又说:“你才干了几天呀,那些闺女动作娴熟,是因为她们早早地就辍学去打工了,而你却在用功读书。这样,你怎么可能跟得上她们的速度呢!不合适的工作,咱们不干!”再后来,她接二连三地换了很多份工作,每次都没有圆满。每当这时,母亲都会鼓励她继续寻找合适的工作。终于,她开始自主创业,凭借着家乡政策的扶持，顺利开办了一家制鞋厂，还雇佣了村子里的很多剩余劳动力。就这样，她的人生之花突然就盛开了。如今，已经是大老板的她像孩子一样依偎在母亲的身旁，问："妈妈，你为什么总是相信我能行?"母亲笑了，说："一块土地，不能种庄稼可以种黄豆、黑豆，不适合种豆类，可以种水果，不适合种水果，可以种蔬菜……总而言之，一定有一颗种子是适合这块土地的。同样的道理，对于一粒种子而言，只要它愿意生根发芽，那么它总能找到适合自己的肥沃土壤。"妈妈的话让她陷入了深思，良久，她才说："妈妈，你就是我的土壤。"

每个人都像是一粒种子，从诞生之日起，就在追逐那片属于自己的土地。在这块土地上，它一定会生根发芽，花开遍野。但是，这一切的前提是，这颗种子愿意落地生根，愿意花开遍野。否则，不管外界的环境多么安适，都毫无用处。

当你妒忌别人拥有丰硕的成果时，与其抱怨，与其羡慕，与其恨，不如努力地去寻找那片属于你的土地。只要你初心不改，坚持不懈，你终有一日能够获得成功。

心理小贴士：

要想彻底消除对他人妒忌心理，就要把自己变得比别人更优秀，或者活出最优秀的自己。这样一来，你就不会有遗憾，妒忌心当然也会随之减轻。一个人妒忌他人，总是因为自己生活得不如意，因而让自己满意的唯一方法就是消除妒忌。任何人都应该有自知之明，这样才能取长补短，找到最适合自己的人生之路。

与其妒忌他人的果实，不如成为秋

妒忌往往发生在关系比较亲近的人之间，因为毫无关系的人即使再怎么招人羡慕，也不会与我们形成强烈的对比。所以，妒忌总是存在于熟悉亲近的人之间，换言之，越是熟悉亲近的关系，人与人之间的妒忌心理就更重。

也因为彼此了解,知根知底,所以当现实与过往形成强烈的对比时,妒忌心也会随之增强。民间有句俗话:越是熟人越容易眼红,说的也是这个道理。举个最简单的例子来说,当你家邻居小方考上重点大学,你却高考落榜,你一定会对小方妒火中烧。但是,如果你知道全省的高考状元就出在你们学校,你却不会有妒忌的感觉。这是因为你与高考状元并不熟悉,也没有与他比较的理由。所谓事不关己,高高挂起,大概就是这种感觉吧。

实际上,世界这么大,有才华的人简直数不胜数。即使你的邻居不如你,社会上也会有千千万万个同龄人远远地超过你。在这种情况下,我们不应该把自己看得太重,这样才能保持平静淡然的心态。从另一个角度来说,这其实也暴露了你的弱点。因为你心胸狭隘,所以总是不能接受他人比你强,又因为缺乏自知之明,因而也无法改正自己妒忌他人的缺点,最终导致人生进入死胡同,变得无比痛苦和纠结。

有些人因为妒忌,总是想方设法地给他人使坏。殊不知,这样做有弊无利,除了让你自己的心情更糟糕之外,没有任何好处。聪明人不会羡慕他人硕果累累,而是会节省宝贵的光阴,努力拼搏,让自己变成金灿灿的秋。

张单是学校足球队的队员,每次在绿茵场上,同学们都能看到他奔跑的身影。他很喜欢运动,从小就喜欢看足球比赛,长大之后更是每隔几天就要踢足球,否则就浑身乏力,状似重感冒。果然,他的勤学苦练有了很大的收获,他很快就成了足球队的主力队员,不可或缺。然而,让张单不高兴的是,于飞也是足球队的重要一员,球技与他不相上下。每次比赛,张单并不能听到同学们全都在热情高呼他的名字,因为还有些同学也在呼喊于飞的名字。为此,张单始终想把于飞比下去,甚至让于飞低头认输。

学校内部举行足球比赛,张单所在的队和于飞所在的队,总是名次不相上下,这让他们彼此都很不服气。从于飞的眼睛里,张单也能看到挑衅和不服的意思。后来,县里举行篮球比赛,张单的队和于飞的队都参加了选拔赛。遗憾的是,也许是因为临场发挥不好,他们全都落选了。为此,张单和于飞都很失落。归根结底,他们是要为学校争光的。后来,张单想:“我和于飞都是高手,但是却被分在两个队伍中分散了力量。如果能把我们两个队伍中的顶尖高手都集中起来,变成一个超强足球队,则一定能够旗开得胜。”

想到这里，张单马上找到于飞商量合并的事宜，果然，于飞与他一拍即合。就这样，张单与于飞强强联手，在又一次竞选中，他们一举夺魁。

如果张单和于飞始终彼此妒忌，那么他们永远也没有机会夺冠。幸好，张单首先从大局出发综合考虑，主动与于飞和解，并且集中所有的力量组建了一只超强足球队。如此一来，他们不但为学校争得了荣誉，也成全了自己。

当你妒忌一个人，并且为此心神不宁时，与其和他两败俱伤，不如强强联手，创造辉煌。这就是思路的改变带来的巨大成功。是啊，如果敌人实力强大，让你望而生畏，那你何不策反敌人，让其成为你的同盟军呢。这样，曾经对你而言的弊端，就变成了你的长处。如此一来，你还有什么理由不成功呢?！心若改变，世界也随之而变。任何时候，我们都要有一颗灵活、包容的心。当你成为秋天，你怀抱中的都是累累硕果，你还会羡慕别人丰收的果实吗?

心理小贴士：

消除妒忌，不但可以从内在着手，让自己心胸开阔，也可以从外在着手，提升自己各个方面的能力，更可以从被妒忌的那个人身上着手。当你把他变成自己的同盟军，你只会盼着他的实力更强，从而使你们联合起来的力量也成倍增长，当然也不会再对他妒火中烧啦！

为自己长出翅膀，才能遨游世界

生活中，人们总是喜欢用娇艳欲滴的玫瑰象征爱情，也因此，玫瑰被冠以“爱情之花”的美名。作为一株蒲公英，你是不是也梦想着有朝一日能像玫瑰一样，被包裹上漂亮的衣裙，送达最爱的人手中呢？其实，你完全不必羡慕玫瑰，因为玫瑰此时此刻正在羡慕你——蒲公英，只需要一阵风吹来，你就像是长出了翅膀，撑起小伞四处翱翔。你还能看到玫瑰所不曾看到的广袤天地，你是玫瑰最羡慕的对象。遗憾的是，这一点你却不知道，你只知

道对着玫瑰的鲜艳垂涎三尺。

不管什么时候,妒忌都是一种负面情绪。不过,妒忌是出于主观的,只要愿意,你总还是能够控制自己的妒忌,帮助自己摆脱妒忌的束缚。通常情况下,人们妒忌的对象都是在某个方面或者多个方面都比自己强的人。如果面对一个和自己相比非常弱小的人,那么人们只会产生爱怜之心,而不会真的妒忌。此外,性格自卑、内向的人也更容易妒忌他人。因为他们不管有什么事情都喜欢深深地埋藏在心里,与他人缺乏沟通,因而情绪无法及时疏导出去,最终导致郁结于心。在这种情况下,当看到他人乐观自信的样子,妒忌也就油然而生。当一个人变得自信,很多方面都能做到最好,他就不会轻易妒忌他人,因为妒忌本质上是对自我的贬低。既然如此,就让我们把妒忌他人的时间用于提升自己吧。当你长出翅膀,你就能成功地绕着整个世界飞翔。

一直以来,老三都很妒忌大哥。因为大哥是家里的长子,在那个物资匮乏的年代,家里不管有什么好吃的好喝的,都要紧着大哥享用。而下面的这些弟弟妹妹们,虽然也没少得到大哥的庇护,而且大哥几乎为他们每个人都打过架,但是妒忌之心却始终长盛不衰。尤其是老三,同是男孩,就对大哥更加妒忌。

直到二十年后,此时的老三已在美国攻读博士学位,早已经有知名单位与他洽谈合作意向。如今功成名就指日可待的老三,在想起大哥时总觉得很亲切。这么多年,如果不是大哥一毕业就挣钱养家,他根本没有可能这么悠然自得地一直读书、学习。因此,在回国探亲时,老三特意给大哥带了一套家庭影院,他知道,大哥最喜欢看电影了。

曾经妒忌大哥的老三,只是因为大哥比他风光,比他得到更多,也比他承担更多。如今,老三的成就显然已经在大哥之上了,因此他的心胸也变得更加开阔,也能够公正地评价大哥对整个家庭的贡献。每个人都有属于自己的生活,盲目地妒忌他人,只会扰乱我们自身的心绪,甚至让我们的内心变得焦虑不安。

既然知道每个人的人生都是无可比较的,我们就不要去比较,更不要因此心生妒忌。任何事情都要辩证唯物地看待,有时看似得到,实际上是在舍弃;有的时候看似舍弃了很多,却得到了命运独特的馈赠。因此,作为一株不起眼的蒲公英,你再也不要羡慕玫瑰的娇艳欲滴啦!当你尽情享受在空中的自由翱翔时,玫瑰的美丽又算得了什么呢!

心理小贴士:

永远不要妒忌他人的生活,因为他人的生活你模仿不来,即使再努力也得不到。为什么会这样呢?因为你只有属于自己的生活。同样的道理,你的生活别人即使羡慕,也同样得不到。虽然人们常说人的命天注定,带着消极悲观的色彩和宿命论的腔调,但是你的人生的确是与众不同、无可复制的。因为你的人生与你的一切都息息相关,而你的一切都与他人不同。既然如此,就不要盲目地羡慕和嫉妒他人了,活好自己才是最重要的。

妒忌百无一用,果断行动才是王道

仅消除妒忌,并不能让我们的生活得到行之有效的改变。唯有变妒忌为动力,变动力为切切实实的行动,我们才能更加真正地改变生活,也更有可能获得自己梦想中的生活。从这个角度来说,妒忌百无一用,只有果断行动才是王道,才是真切的,才是对我们的生活有切实作用的。

每一个从不妒忌他人的人,一定有着强大的、足够美好的人生作为支撑。试想,如果你处处都不如别人,你又怎么能控制自己的妒忌之心呢!你只有拥有自己想要的一切,或者过着自己理想的生活,对自己的状态感到非常满意,才有可能对他人的生活无动于衷,觉得那是他人的生活与你无关。否则,你就总会陷入攀比之中,妒忌也会如影随形。

作为一名小职员,李林的人生似乎黯淡无光,每天,他都在按部就班地上班下班,几乎从来没有属于自己的兴趣爱好。回到家里之后,也只是吃饭睡觉看电视,看起来他毫无追求。不过,他有一个长处,就是从不妒忌。

前段时间,李林所在的部门来了一个空降兵当领导。据说这个空降兵是官二代,到这个职位来只是镀金。为此,同事们议论纷纷:“不就仗着老子

有钱么,就可以任性胡来。”“要不是凭着他老子当官,估计他一辈子也做不到主管的位置,简直就是个绣花枕头,中看不中用。”“还领导呢,嘴上的毛都没褪干净,我们领导他还差不多。”“总而言之,我可不愿意被这样一个人管理。”……这样的议论,愈演愈烈,每天不绝于耳。唯独李林,从不抱怨,更不妒忌。他暗暗想道:甭管人家是富二代还是官二代,既然咱们不是,就得脚踏实地、无怨无悔地干。有一次,新领导有个文件需要马上做出来,但是当时已经到了下班时间,新领导找了好几个同事,他们都不愿意加班。这时,李林看到新领导为难和着急的模样,说:“我来做吧,八点之前交给你。”新领导如释重负,赶紧把相关资料交给李林。大家都笑话李林:“你就傻吧,人家下班去泡妞了,就你在这儿埋头苦干!这种人就该让他吃点儿苦头,要不然还以为领导多么好当呢!”李林不以为然,说:“多干没错,还能积累经验。”就这样,李林认真细致地做完文件,给领导传了过去。不想,第二天领导就带着李林参加了一个公司的高层会议,并且向在场的领导介绍:“昨天,我有重要项目谈,所以文案是李林负责做的。现在,就让他给大家详细介绍项目吧。”李林第一次在这么多领导面前露脸,当然是不遗余力了。很快,李林就在公司里出名了,因为他的文案得到了诸多领导的认可和赏识。从此,李林俨然变成了领导的助理,经常跟着领导参加会议,商讨文案,四处出差。毫无疑问,如果领导高升了,空出来的职位肯定非李林莫属。

只会妒忌的人永远都不可能有所成就,因为他们的心已经被妒忌蒙蔽,只会不停地抱怨、说风凉话,或者故意刁难和为难他人,以便等着看笑话。殊不知,机会就在他们这样的推脱中渐行渐远,成功的希望也变得越来越渺茫。

既然妒忌对于事情的发展没有任何切实有益的帮助,我们又为何要浪费宝贵的时间用于妒忌呢?与其妒忌一千句,不如切切实实地做一件有意义的小事。任何时候,只有真正展开行动,才能推动事情朝着我们所期望的方向发展。

心理小贴士:

在生活中,很多人都会妒忌那些年纪轻轻就功成名就的人。其实,这样对我们没有任何好处。因为你在妒忌他们时,必然会情不自禁地否定他们,哪怕是他们身上值得我们学习的很多优秀品质,你也会对其视而不见。这样一来,我们岂不是限制了自身的进步和提高么。古人云,一叶障目不见泰山,作为思想通达的现代人,我们可不能犯这样的错误啊!

善用妒忌,你才能不断成长更加优秀

前文,我们阐述了很多妒忌引发的恶果。然而,用辩证唯物主义的观点看,妒忌不光光只是坏的影响,只要善用妒忌,有的时候也会使其对我们的生活和工作产生积极正向的引导作用。很多人被妒忌冲昏头脑,恨不得毁灭自己妒忌的对象,但是有些人在感受到妒忌之后,却激发出自身不服输的精神,从而就像是一位英勇的斗士,开始了与生命搏斗的过程。最终,也许会失败,但是至少努力尝试过了。如果成功,人生就会进入完全不同的全新境界。

小唐来自偏僻的农村,在这家公司做保洁,每天都要比别人更早地上班,也更晚地下班,这样才能保持办公室的清洁干净。看着那些比自己大不了几岁的女孩们每天化着精致的妆容,穿着时髦的衣服,趾高气昂地出入于写字楼,小唐感到非常羡慕。有的时候,她也会忿忿不平地想:为什么同样是人,命运却如此悬殊呢!一天午休时,她坐在茶水间的临时板凳上休息,就这么想着想着,突然想道:“我还这么年轻,我不能认命,我也要获得这样的生活。”想到这里,小唐又想到自己在初中时成绩也是非常好的,还是老师们都非常宠爱的尖子生呢。后来,只不过是因为父亲身体多病,母亲一个人无力负担家庭的重担,作为老大的她才无奈辍学。但是,学习应该不止一种形式吧,做会计师的小丽不就是通过自学才考得会计师的职称么。想到这里,小唐觉得自己仿佛找到了人生的方向,简直欣喜若狂。

小唐决定报考成人函授的本科,然后再像小王一样考一个职称。据说,有了文凭和职称,找工作就会很容易了。小唐可不想一辈子扫厕所,伺候人,她当即开始行动,托老乡给她在网上买了很多教材。学习对于现在的小唐而言,简直不逊于呼吸、吃饭、喝水这些维持生存的事情。她一收到教材,

就开始迫不及待地看了起来。然而,有些专业知识毕竟还是很高深的,小唐在老乡的建议下,报名参加了学费最便宜的网上课程。就这样,她每个月微薄的薪水大部分给了家里,少部分除了吃馒头咸菜之外,都用于学习了。如此坚持了五年的时间,小唐如愿以偿地实现了梦想。她不但获得了法律专业的学士学位,还考取了律师资格证书。小唐身边所有的朋友都由衷地佩服她,也真心地为她高兴。

有些人因为妒忌,会做出一些失去理智的事情,从而导致一叶障目不见泰山,小唐却与他们不同。小唐很羡慕那些白领光鲜亮丽的生活,也很嫉妒她们与自己年龄相仿却有完全不同的命运。但是小唐不认命,她总觉得别人能做的,她也能做到。为此,她发奋图强,利用五年的时间自学法律本科课程,取得学士学位,而且还一鼓作气地考取了律师资格证。五年的时间,说长也长,说短也短。但是对于小唐而言,这是人生至关重要的五年,是她华丽蜕变的五年。从此之后,小唐的人生必然与此前大有不同了。她不但改变了自己的命运,也成功地创造了属于自己的精彩人生。

心理小贴士:

心若改变,整个世界都会为之改变。心若改变,妒忌的毒瘤也会开出绚烂的花朵。任何事情,只要我们摆正心态,采取积极正向的态度面对,我们就能创造生命的奇迹。当你欣赏并且嫉妒他人的时候,为何不把自己变得更加优秀呢!这样,你就会成为他人眼中的风景,让人艳羡。

第九章

冲破焦虑：学会放松，摆脱心灵的压力

在生活中，人们会因为各种各样的大事小情感到焦虑，甚至其中有些根本不值一提的、不起眼的小事。被焦虑困扰的人生，无疑是痛苦的。如何才能减轻焦虑呢？首先，我们应该学会放松身心，减轻生活的压力。唯有更坦然地应对命运赐予的一切，我们才能冲破焦虑，畅享人生。

关于时间焦虑症,你了解多少

小时候,你是否经常做一个梦,尤其是在考试前夕,你更加频繁地做这个梦,那就是明明还有几分钟上课铃就要响了,你心急如焚地往学校跑去,却怎么也无法顺利到达学校。这是为什么呢?虽然小时候我们并不知道其中的原因,但是长大之后,当你梦见自己坐着呼啸的地铁却怎么也无法到达目的地时,就知道自己患了时间焦虑症。所谓时间焦虑症,就是因为觉得时间可贵而导致引起的焦虑和紧张情绪。

尤其是职场人士,如今很多单位都要求上下班打卡,即使只晚一秒钟,电子指纹识别器也是无法容情的,因而会毫不客气地给你记上一次迟到。还有的时候,因为工作任务重时间紧,你恨不得把一个小时分成两个小时用,却依然被紧张的工作压得喘不过气来。随着生活节奏的加快和工作压力的增大,越来越多的现代职场人士得了时间焦虑症。他们总是不停地看手机、看手表,以此争分夺秒地完成工作,抢着生活。特别是在遭遇大堵车的时候,他们恨不得从公交车或者私家车中夺门而出,一路跑步前行。如此密切地关注时间,每当看到时间悄悄飞逝,人们就会情不自禁地陷入焦虑之中。严重的时间焦虑症,还会导致人们心跳加速、血压升高,甚至呼吸急促。打个比方,如果人长期在时间焦虑症的压迫下生活,总有一天会因为过度焦虑而精神崩溃,身体也会每况愈下。由此可见,虽然时间焦虑症并非症状明显的疾病,但是一旦拖延,也会导致严重的后果。因而,我们必须多多了解时间焦虑症,从而做到对症下药,更好地调节自己的生活和工作,调整心情。

作为一名时间焦虑症患者,巧丽简直是个工作狂、生活狂,总而言之,她每天都在抓狂之中。早晨,她听到闹铃声响起,就马上急急匆匆的洗漱,然后抓起一个面包就边吃边下楼;进了地铁之后,又做好冲刺的动作准备换乘;明明时间还很充裕,她也从不会在单位楼下喝杯咖啡,而是一刻也不停地冲刺到电梯上。工作上就更不用说了,巧丽总是风风火火的,片刻也不停

歇。很多同事都觉得她想一个陀螺，而且是永恒动力的。巧丽对此总是笑笑：“既然来到单位，当然要分分秒秒都不浪费啊！”在巧丽的带动下，办公室里的其他同事似乎也不敢懈怠，否则就会产生罪恶和邪恶感。为此，上司总是表扬巧丽，说她是尖兵。

每到周末，其他人都会尽量放松和休闲，巧丽却比平日起得更早。她不是去上课，参加函授学习，就是处理工作，总而言之，她从来没有浪费过任何时间看电影、散步或者去郊外远足。没错，巧丽就是觉得看电影、散步、旅游都是在浪费时间。即使偶尔生病，只要能睁开眼睛，巧丽也总是对着笔记本电脑。如此十年过去了，巧丽已经30多岁了，却还没有男朋友，也从未正式开展过一段恋情。后来，大家全都为她的个人事情着急，她却不急不躁地说：“急什么呢，工作要紧，青春时光转瞬即逝啊！”一个偶然的机会，巧丽与一位心理咨询师攀谈，才知道自己患上了时间焦虑症。心理咨询师告诉她，人生不仅仅是忙碌，也应该有悠闲的休闲。如果一味地奔波忙碌，生活也就失去了乐趣。在心理咨询师的建议下，巧丽才开始试着放松下来，放慢节奏，给自己更多的时间享受生活。渐渐地，她居然结交了男朋友，生活渐渐步入正轨。

如果巧丽一直这么奔波忙碌下去，等到青春不再却从未享受过爱情的滋味，更没有静下来好好体悟和感受生活，不得不说是人生的遗憾。大多数时间焦虑症患者，总是行色匆匆，每时每刻都觉得时间不够用。他们不但吃饭狼吞虎咽，而且不喜欢安静地待着。对于工作狂而言，似乎必须每时每刻都工作，才算不虚度生命。当人生只剩下忙碌，当我们忙碌的甚至没有时间仔细反思生活，我们活着还有什么意义呢！其实，偶尔在生活中给自己放个假，放飞心情，反而更能够让我们在充分休息之后以更好的状态投入工作。如此一来，就是磨刀不误砍柴工。一个人如果不能合理协调生活和工作的关系，很容易就会陷入苦恼和烦闷之中，甚至对生活失去兴趣。

心理小贴士：

患了时间焦虑症的人，就像是被时间绑架了，被时间裹挟着一刻也不停歇地往前走。然而，大多数时间焦虑症患者都是在为外物忙碌，很少会静下心来想一想自己该何去何从。当他们真止开始反思自身，就会觉得无比空虑。其实,任何事情都是有轻重缓急的,我们只有合理安排自己的时间,调节好生活与工作的关系,才能真正创造出属于自己的人生天地。

无法控制时间的长度,就把握宽度

每个人都是生命的过客,是茫茫宇宙中的沧海一粟。从呱呱坠地开始,每个人就都行走在黄泉路上,没有人知道自己的生命会延续到哪一个时刻,也没有人知道自己的未来会怎样。为此,有的人觉得焦虑沮丧,恨不得把每一天都当成生命的最后一天来过,是典型的悲观主义者。有的人呢,则想得很明白:既然我们无法把握生命的长度,那么我们就要尽力把握生命的宽度。这样一来,我们的人生会因为充实而变得有意义,也不会那么轻易地消散于人世间。

在现代社会,人们的生活节奏越来越快,工作压力越来越多。很多职场人士都没有自由的时间可供支配,他们不是觉得时间匆匆,就是觉得自己分身乏术,因而越来越多的人受到时间焦虑症的影响,变得无比焦虑。实际上,忙碌的生活并非就是有意义的,悠闲的生活也并非就是没有意义的。任何时候,我们都要选择最适合自己的生活方式,遵循自己的内心,这样才能获得真正的幸福和安宁。尽管每个人都受到外界事物的影响,但是如果我们能够合理安排时间,尽量在有限的时间里做有意义的事情,那么我们的生命就是充实度过的。和那些无所事事,或者把宝贵的生命浪费在无关事情上的人相比,这样的生命值得敬佩。

举个最简单的例子,有些工作狂人每时每刻心里都在想着工作,明明已经加班到很晚才回到家里,却依然电话不断,眼睛盯着电脑,虽然人在家里,心却在工作上。如此一来,看似他花了时间陪伴家人,实际上心不在焉。这样的时间利用率,不得不说很低。与他们恰恰相反,有些人虽然也非常看重工作,但是他们总是能够拎得清工作和家庭的关系。在工作时间内,他们全神贯注地工作,从来不会三心二意,因而工作的效率很高,成果也很显著。

但是一旦到了下班时间,他们就不会再理会工作上的事情,而马上像是变了一个人一样全心全意地投入家庭生活。这样,他们看起来貌似花了很短的时间用于工作,但是效率更高,成绩显著,而且也能够让家人感到满意和幸福。不得不说,第二种生活和工作方式是更让人钦佩的。这就是拓宽生命宽度的方式之一。只要采取合适的方式,我们就能在相同的时间里,活出更多的精彩,拥有和享受更多的快乐。

一直以来,马丁都在忙于工作,而且美其名曰为了让家人享受更好的生活。从大学毕业后,他就拼命工作,常常废寝忘食,甚至为了工作通宵熬夜加班。然而,妻子对他的意见越来越大,尤其是在有了孩子之后,妻子一个人独自抚养孩子长大,经常要抓狂。每当妻子牢骚满腹时,马丁总是说:"忍一忍吧,我也很辛苦啊。如果不是为了你和孩子,我怎么会这样拼命呢! 我也很累啊!"每次听到马丁这么说,妻子总是委屈得掉眼泪,却不愿意再说什么。

终于有一天,妻子带着年幼的孩子不辞而别,只留下了一封信在家里。在信里,妻子说:"我感到很迷茫,不知道这样的生活有什么意义。这段时间,咱们都冷静冷静,然后找到最终的出路吧。否则,我一定会疯狂的。"马丁不以为然,心想:回娘家去住些日子也好,这样我也能心无旁骛地工作。因而,在妻子回娘家之后,马丁更加投入地工作,却不想妻子突然在几天之后发来信息:我们离婚吧。马丁如同遭遇晴天霹雳,彻底呆住了。他想不明白,如此幸福美满的家庭,妻子为什么就要放弃。伤心之余,马丁用工作来麻痹自己,在几个通宵连续加班之后,他突然陷入昏迷,被送入医院抢救。原来,马丁是因为过度疲劳突发脑溢血,从此之后,他也许就会瘫倒在床上,也许能够侥幸恢复行动能力。清醒之后的马丁听说这个消息,脑海中的第一反应就是:我还没有带妻子和孩子去旅游过呢! 看着闻讯赶来的妻子,马丁愧疚地说:"对不起,原来很多事情都等不起。如果我从此瘫痪了,我们就离婚吧。你找一个爱你的男人,带着你四处走走看看。"妻子泪如雨下,说:"为什么,为什么会这样?"

幸好,马丁还算年轻,身体基础也不错,再加上他顽强的信念,最终在几个月以后开始下床练习行走。妻子日日夜夜守护着他,陪伴着他,也给了他莫大的信心和力量。经过几个月的卧床生涯，他意识到自己曾经的错误，因而懊悔地对妻子说："我知道错了，以后我会以家庭为重，以你和孩子为重。我不会再不顾一切地工作了，如果没有健康的身体，即使赚再多的钱也是毫无意义的。"妻子听后热泪盈眶。

即使我们废寝忘食地工作，工作也是干不完的。如果是为了满足自身的欲望，则这些欲望总会剥夺我们生存的乐趣，让我们变得无比脆弱。任何时候，我们都要学会合理安排自己的人生，因为只有更好地规划人生，我们的人生才会变得充实而有意义，才会变得更加精彩。

人的本性总是贪婪的，然而，我们不管多么努力，都不可能实现自己所有的欲望。因而我们必须努力控制欲望，成为欲望的主人，而不要被欲望驱使着仓促生活，最终一事无成。实际上，生命中并没有太多的事情是非做不可的。只要我们分清轻重缓急，合理规划，我们就会能够把生活安排得悠然自得。

心理小贴士：

要想摆脱时间焦虑症，合理规划人生，最重要的一点就是不要盲目地与他人攀比，更不要不顾一切地跟风。在很多情况下，我们都不知道自己最想要的生活是怎样的，其实想明白这个问题是我们合理规划人生和安排生活的先决条件。

合理规划金钱，摆脱生命桎梏

人人都把一句至理名言挂在嘴边：金钱不是万能的，没有钱是万万不能的。由此可见，在物质丰富的现代社会，在欲望水涨船高的人心之中，金钱占据着多么重要的地位。现代人，有几个不为金钱而苦恼呢？每个月挣两三千块钱，还要租房养活自己的人为钱苦恼；每个人挣两三万块钱，还要还月供养活孩子的人为钱苦恼；每个月挣几十万，甚至大老板大富豪，也依然为钱苦恼。走在大街上随便拉住一个人问他缺钱不缺，他一定会毫不犹豫

地点点头。为何人们对于金钱的欲望就像一个无底洞呢，不管挣多少钱，都无法获得满足感，更无法让自己对于生活的奢望全都一一实现。这就是金钱的本性，也是人们贪婪的本性。既然认识到这一点，我们就应该想明白：过于依赖金钱，是对人生的桎梏。我们只有合理规划金钱，才能更好地安排生活，也只有摆脱金钱对人生的桎梏，才能享受自由自在的快乐。

被金钱奴役的人，就像是有一条隐形的锁链套在他的脖颈上，使他时时刻刻都无法喘息。当然，肯定没有人愿意窒息，那么就不要被金钱如此扼紧命运的咽喉。想想我们的父亲母亲和爷爷奶奶吧，他们也许每个月只能收入几块钱，甚至务农的人连几块钱也没有，但是他们照样活得很快乐。我们呢？动辄几千过万的月薪，却觉得钱越发紧张啦。尽管有人会说那个年代的钱含金量高，但是生活水平也水涨船高了，这是毋庸置疑的。但归根结底，我们对金钱永无休止的追求，还是因为我们的欲望太泛滥了。尤其是现代的很多年轻人，拿着高薪，却是月光族，还有些甚至是负翁族。他们总是不知道规划，刚刚领到薪水的时候花天酒地，尽情享乐，而等到半个月一过，就开始吃糠咽菜，再也没有了此前的潇洒。如此日复一日，年复一年，他们养成了今朝有酒今朝醉的习惯，再也没有对人生的规划意识。这样的年轻人，必然成为金钱的奴隶，永远被金钱驱使。聪明人会当金钱的主人，把有限的金钱用在最需要的地方，从而让自己的生活变得从容。有些年轻人虽然薪水微薄，却能供养家里，还能挤出一部分钱来奉献爱心。他们，就是金钱的主人，人生在他们的合理规划下，也必然变得更加从容不迫。

欣欣大学毕业后就来到大城市打工，看着这个五光十色的世界，她彻底地目眩神迷。刚来到单位的欣欣，看起来就像是个小土妞，穿着老气横秋的衣服，理着过时的头发。然而，半年之后，见到欣欣的人全都觉得大吃一惊，原来，她浑身的名牌货，头发也变成了枯黄的鸡窝头。正值中秋，欣欣回乡过节，简直让爸妈都吓了一跳。然而，当爸妈问欣欣半年攒了多少钱时，更是大吃一惊。

原来，欣欣的工作是老乡介绍的，因而工资比较高，每个月都能赚到4500元。这对于在家辛苦务农的父母而言，几乎相当于全家半年的收入。但是欣欣半年的工资，全都已经花光了。她不但一分没剩下，还想跟爸妈要点儿交房租呢。听到欣欣这么说,爸爸气得火冒三丈,恨不得像小时候那样狠狠地揍欣欣一顿。在妈妈的仔细询问下,欣欣才说了自己的消费。原来,欣欣单位里的女孩子全都很时髦,为此,欣欣也学着她们的样子买名牌化妆品,买时髦的衣服,一条裙子就要七八百块钱呢,还买很多好吃的美食,诸如巧克力等。为此,欣欣每个月发工资时都是最高兴的,但是高高兴兴地花了半个月之后,就所剩无几了。那些女孩们也是如此,而且总是相互劝慰:“女孩子将来找个好老公就什么都有了,那么辛苦节俭干什么!”听到欣欣的讲述,妈妈语重心长地说:“欣欣,爸爸妈妈供养你上大学不容易,家里的猪马牛羊都卖完了。你现在大学毕业了,能挣钱了,我和你爸也老了,你弟弟还要上大学呢,咱们可不能学着大城市里的女孩子们那样啊!”欣欣意识到自己错了,惭愧地低下了头,说:“妈妈,我等到这次交完房租,一定每个月一发工资就给你们寄钱。”妈妈说:“你就算不给我们寄钱,自己也应该积攒一些。人啊,一辈子哪能不遇到点儿事情呢,你独自在外手里分文不剩,万一需要用钱又去哪里找啊!”欣欣重重地点点头。

月光族的悲哀,相信很多人都深有体会。在这个物欲横流的时代,很多人都禁不住物质的诱惑,因此也就无法合理有度地消费。尤其是在现代社会,各种新鲜的电子产品更新换代的速度很快,还有些年轻人总是追求最新款的手机,非要买最新款的手机用呢。虽然每个人对于金钱的欲望都是无限的,但是我们能挣到的钱却是有限的。如何合理安排这些有限的钱到最值得的去处,从而帮助自己把生活打理得更好,是每个人都应该具备的能力。

金钱就像一条河,在我们的生命中缓缓地流淌。如果你能成功地引导这条河,让它按照你的意愿流淌,你就是河的主人。相反,如果你始终盲目跟着湍急的河水奔跑,那么你就是河的奴隶。我们要学会治理生命中的这条河,这样它流经的地方才会鲜花遍野,生机勃勃。

心理小贴士:

打理金钱一定要掌握四个字,即开源节流。所谓开源,就是要努力挣钱,学会理财,而所谓节流,顾名思义就是控制消费,消费有度。不管有多少钱,如果毫无节制地消费,总有花完的那一天,而且如果因为大手大脚花钱

养成奢侈消费的习惯，那么人生就会成为无底洞，不管有多少钱也不够花。你也会因此而对金钱更加渴望，甚至因为受到欲望的驱使而做出违犯法律的事情，从而陷入人生的黑洞，再也无法逃离。钱都去哪儿了？都花在合理的、该花的地方了吗？我们只有弄清楚这两个问题，才能逃脱金钱的桎梏，享受理智的人生。

人生的“三座大山”，你要合理供养

在大城市生活的人，买房子几乎需要一生为之奋斗。至于车子，也许有人会说不是必需品，然而当你每天都要来回坐四个小时的公交车去上班时，你就知道车子也是非买不可的。孩子呢，当然要生啦。中国人大多数还是很传统的，一则受到传宗接代思想的影响，二则如果夫妻结婚没有孩子，似乎爱情就没有结晶。正是在这两种观念的影响下，孩子几乎是在每个家庭都备受欢迎和喜爱的开心果。然而，当房子、车子和孩子齐备的时候，人们并没有奔向幸福，反而感到压力大。首先，大城市的房子动辄几百万，除非有个富裕的老爹老妈可以啃，否则年轻人想要攒够首付都需要漫长的等待，更别说买房之后高昂的月供了。车子呢，不但每年要交保险，每天只要一发动就要喝汽油。至于孩子，就更不用说了。孩子从在娘胎里开始，就要接受各种检查，还要给妈妈增加营养，到了呱呱坠地之后，更是一天都不能没有钱陪着。纸尿裤也要好几块钱一个，一天用十几个；奶粉也要几百块一罐，一个月喝好几罐；一个简单的小玩具就要上百块，孩子很可能只玩几天，甚至几个小时。有的时候，孩子还会闹个毛病，去趟医院又是好几百，输液几天就要上千块。更别说等到上了幼儿园，一个月的学费比大学还要贵，难怪商家们都纷涌而至地挣孩子们的钱呢，实在是因为孩子的钱最好挣。经受过这三座大山的人们，一提起这三座大山，简直是有说不完的话啊。然而，这三座大山并非是完全让人痛苦的，实际上是甜蜜的负担。对于没有房子的人而言，还月供是多么幸福的事情啊；对于没有车子的人而言，给车加油保养，是多么洋气的事情啊；对于没有孩子的人而言，有家有孩子是多么幸运啊！因此，我们应该合理负担这三项大的开支，这样才能让生活不局促。

总有些人做事不自量力，明明经济条件不够，却偏要买超级大的房子，为了还月供不得不勒紧裤腰带，不敢进行任何消费，导致生活没有乐趣可言，渐渐觉得生活枯燥乏味；有些人买车子明明是代步，却偏要讲究攀比，最终超出自己的支付能力，打肿脸充胖子。至于养孩子，弹性就更大了。有的孩子一个月花销几万，有的孩子一个月花销几千，要是在农村，一个孩子一个月有几百块钱就能生活得很好。因此，如果你觉得经济紧张，就要正确定位养育孩子的标准，也要根据自己的实际条件选择合适的房子和车子。所谓巧妇难为无米之炊。如果你给自己背上太重的负担，却挣得没有花的多，最终会导致经济崩溃，精神也会随之崩溃。由此可见，凡事适合自己才是最好的。

作为独生子女，苗迪不管什么事情，都想做到最好。最近，她发现自己怀孕了，简直高兴极了。她迫不及待地去商场里，为即将到来的小宝宝买衣服鞋袜，这才发现婴儿用品怎么那么贵呢！一双小鞋子，要三百多块钱，可能也就穿几个月。一张婴儿床，居然要好几千，好的要上万。几天的时间，苗迪就把老公的信用卡刷爆了。

随着孕周越来越长，小宝宝到来的日子也越来越近，苗迪准备去医院预约。她看了好几家月子会所，生产和坐月子，下来都要十几万。看到这个数字，一直隐忍的老公爆发了，说："生个孩子就要十几万，那我们还养不养孩子了？"苗迪对老公好言好语，说："老公，我一辈子就只生一个孩子啊。"老公毋庸置疑地说："那也不能这么造啊，孩子生出来还要吃还要喝呢，难道生完了就不用再花钱了？"苗迪有些生气，说："你到底舍不舍得给我花钱？"老公看到苗迪生气了，马上换了语气好言相劝："我不是不舍得给你花钱，问题是咱们一共就还有七八万块钱。花完了，怎么办？而且，咱们大姑不是在省人民医院妇产科么，多好的条件啊，公立大医院，也有熟人能关照，不比去私立医院好吗？咱们把这钱省下来，给孩子买奶粉多好。而且我妈和你妈都生过孩子，完全能伺候你坐月子啊！"好说歹说，苗迪终于同意不去私立医院生

孩子，也不去会所坐月子。幸好，他们做出了这样的决定。因为孩子刚刚出生，就有黄疸肝炎，还住了十几天保温箱呢！他们的七八万块钱，很快就花光了。经过这次突如其来的意外，苗迪也意识到有些积蓄很重要，因而在给孩子买东西时也不是越贵越好了。生活，把她教成了一个懂得勤俭持家的好妈妈。

在这个事例中，苗迪原本想在私立医院生，再去会所坐月子。如此一来，自然非常享受，但是经济明显吃紧。为此，老公极力反对，最终让苗迪恢复理智，不再这么铺张浪费。也因为孩子出生之后得了黄疸肝炎，苗迪经历了花钱如流水的日子，因此不敢再那么浪费了。

每个人都有属于自己的生活方式，我们无须羡慕他人的奢华，想想那些明星，结个婚生个孩子，动辄就成百上千万，怎么比得起呢。与其如此，不如不比，坦然安排好自己的生活就好。关于人生中的“三座大山”，只要合理安排，适度消费，就能成为生活的甜蜜。毕竟，居有定所，出行有车，还有孩子陪伴身侧，不是每个人都能享受的幸福。就让我们珍惜现在的生活吧，只有从内心攻破压力的围城，我们才能更加幸福快乐。

心理小贴士：

每个人小时候依靠父母供养，一旦长大成人步入社会，就要自己养活自己。而当成家立业之后，肩负的担子也会越来越重，因而就要学会合理规划，适度消费。实际上，很多人之所以陷入消费危机，就是因为他们自己造成的。如果我们不管做什么事情都能从自身的实际情况出发，不盲目与人攀比，我们的生活就会变得更加从容。

身外之物是累赘，忘记才能轻松

人生有很多身外之物，诸如钱财，总是生不带来，死不带去的。然而，虽然大家都知道钱财如此，却依然对其趋之若鹜。究其原因，金钱不是万能的，但是没有钱却是万万不能的。现代社会物质条件极大丰富，人们的欲望也随之膨胀。越来越多的人对生活充满渴望,甚至怀有奢望,这一切梦想的实现都要靠金钱作为支撑。在这种情况下,如何能够做到洒脱呢?!整个时代都变得物欲横流,作为生活在其中的人们,要想明哲保身当然是很困难的。这需要极大的毅力控制自己,也需要我们认清生活的本质,明确自己对于生活的最终追求。

当你有钱了,就一定会变得快乐吗?也许对于现在身无分文的你而言,有一万块钱就会很快乐。但是当你真的拥有一万块钱的时候,你就会梦想着拥有十万、一百万……所谓欲壑难填,说的就是这个道理。如果人们失去初心,忘却自己对于生命最初的渴望,就会被欲望驱使着做很多违心的事情,导致人生无比沉重。不知道你是否曾经看到过街边的乞讨者,即使饿着肚子感受阳关的照射,他们的脸上也时而会露出满足的微笑。难道他们不想要功名利禄吗?当然,如果你问他们这个问题,他们的回答必然是肯定的。然而,以现状为出发点,他们只想要吃饱肚子穿暖衣服,而且有阳光可取暖就可以了。这是因为,他们在生存的困境中降低了要求,所以更容易得到满足。那么我们呢?虽然我们的起点就比他们高很多,但是我们要想得到快乐,就应该努力控制对于物质的欲望。对于这些身外之物,得到太多也许只是累赘,让我们的心灵无法轻松翱翔。

近来,因为忙于工作,李杜患了严重的颈椎病。医生建议他多运动,这样才能帮助身体恢复健康。所以,李杜决定加入好友的驴友团,一起去爬山。从大学毕业到现在,李杜已经三年多没爬山了,因此颇有些兴奋。头一天晚上,李杜就开始收拾背包,为自己准备了大量的食物、水、牛奶、肉干,还有水果。为了清洁,他还带了一大包湿纸巾。当然,山里的天气多变,李杜还细心地带了一件雨衣。在指定地点集合之后,朋友看到李杜鼓囊囊的背包,惊讶地问:"你怎么带了这么多东西?"李杜自豪地说:"吃的喝的一应俱全,你要是缺少什么就来找我。"朋友摇摇头,说:"你大概以为咱们是悠闲惬意地旅游了。这个驴友团可是专业爬山,速度很快的,如果带的东西太多了,你就很难跟得上大家的速度,就会落后。"李杜不以为然,说:"没那么玄吧。我不至于就因为这点东西,就爬不动了。放心吧。"

等到所有人到齐了,大家开始迅速地爬山。刚开始时,李杜还能紧跟在

朋友身后，与朋友谈笑风生，即使朋友劝他少说话保存体力，他也不以为然。后来，他就越来越气喘吁吁，不得不停下来休息。然而，他又不敢休息太久，否则就失去了大部队的踪迹。就这样，李杜越是心急，就越疲劳，他带的那么多东西在赶到休息地点之前根本没有机会吃，正如朋友所说，成了他沉重的负担。这时，李杜才意识到朋友说的话是对的，在体力消耗达到极限时，哪怕是一小瓶饮料，都是不能承受之重。难怪那些专业的登山队员，即使爬珠穆朗玛峰，也只是带着有限的食物和水，最大限度地减少负重呢！

李杜的爬山装备，看起来就像是郊外游玩，充满着悠闲惬意的情调。然而，爬山是非常消耗体力的一项运动，尤其是在这种有组织的驴友团里，爬山更是有时间的限制，必须到了指定地点才能休息。而经验丰富的人员，不但不会带太多的东西，也不会让自己吃太多的东西。因为哪怕食物进了肚子里，一旦过量也是身体的负担。这个事例告诉我们，一个人如果想要快速行进，勇往直前，就必须彻底放下那些身外之物，从而才能轻装上阵。虽然让一个人捧起一个几十斤重的东西一分钟不是难事，但是如果把时间延长到几十分钟，那么哪怕捧起的只是几斤重的东西，也会觉得犹如万斤。因此，不要贪婪地把所有的东西都背负上，否则在漫漫人生路上，一定会有让你追悔莫及的那一天。

心理小贴士：

实际上，很多人之所以觉得人生苦短，就是因为过分追求这些身外之物，诸如金钱权势，功名利禄等。古人云，“心底无私天地宽”，这句话就是说如果人们能够放弃私心杂念，就会豁然开朗。所以，我们要想得到快乐，就必须真正地舍弃。

每个人都要为生命中的错误埋单

人不是神，不可能面面俱到。人成长的过程就是不断犯错的过程，人生也是在不断纠正错误的过程中渐渐成熟圆润的。虽然每个人都知道宽容是人最美好的品质，宽容别人就是宽容自己，宽容是以博大的胸怀对待他人，宽容是人世间最美丽的花朵。但是，依然有很多人不能宽容别人，或者即使宽容了别人，却无法宽容自己。也许有人会说，这是严于律己，宽以待人。的确，我们应该以这样的态度生活，但是我们又不能完全迷信这样的态度。当你一味地对自己严苛，永远不原谅自己所犯的错误，哪怕你的错误完全是出于无心，你却依然耿耿于怀，那么你就会陷入自己的囚牢，无法自拔。

宽容别人固然重要，宽容自己也是很重要的。如果你始终沉浸在懊悔和痛恨中，那么你的一生都会因此黯淡无光。要想拥有更美好的人生和更精彩的未来，我们就要学会宽容自己，学会为自己的错误埋单。任何错误，不管是有心还是无心的，我们都要勇敢地承担后果。归根结底，人非圣贤，孰能无过？

大学毕业后，秋秋顺利地通过面试进入这家公司工作，她非常珍惜这个机会。因此，工作中不管遇到什么困难，她都想方设法地克服，甚至还主动加班加点，最终在一个多月的时间里，获得了领导的好评。为此，秋秋更加干劲十足，想要一鼓作气，做出点儿样子来。

转眼之间，秋秋来到公司已经半年多了。有一次，领导特意点名让她负责一个策划案。秋秋兴奋极了，因为这个策划案是与一个大客户对接的，由此不但可以看出领导对她能力的肯定，也可以看出领导对她的认可和栽培。为此，秋秋整整一个星期都在加班，力求把策划案做得更加完美。然而，就在客户要来验收策划案的前一天，秋秋因为吃坏了肚子，一个晚上都在不停地跑厕所，因为睡眠不足和严重脱水，她第二天看起来精神憔悴。原本，领导看出她的异样，想让她委托其他同事与客户对接，但是秋秋却不愿意放弃这个机会，因此状态不佳地上场了。面对着会议室里的客户团队和本公司的几位领导，她极度紧张，甚至有些眩晕。因为心神混乱，她不但带错了资料，还在讲解的时候漏洞百出，最终导致事情被搞得一团糟……结果可想而知。

这件事情使秋秋精心准备这么久的精彩亮相泡汤了，秋秋万分沮丧。她失去了千载难逢的好机会，让领导对她的工作能力产生了怀疑，也不再像以前那样信任她了，每次这样想，秋秋就觉得犹如万箭穿心。她始终沉浸在

懊悔之中,甚至影响了其后的工作。在接下来的一周时间里,她又接连几次在工作上出现失误。她甚至以绝食来惩罚自己,还与朋友去酒吧一醉方休,结果整个人的状态更加糟糕。最终,领导找她谈话,并且给她下了最后通牒:如果不能及时调整状态,就只能先辞职等待休整好了再工作。领导的话如同晴天霹雳,让秋秋懵了。最终,她无奈地递交了辞呈。

对于职场新人来说,有谁不曾在工作上犯过错误呢?偏偏秋秋迈不过这个坎,总是受着失误的恶劣影响而难以自拔,最终导致工作上频繁出错,后果更加严重。如果秋秋能够坚强一些,学会为自己的错误买单,那么她就能够意识到犯错没什么可怕,最重要的是从错误中吸取经验和教训,未来不再犯同样的错误。如此一来,秋秋一定能够凭借更加出色的表现再次获得领导的赏识。因为一味地沉浸在对错误的懊悔之中,她昏头涨脑,最终失去了工作,一切只能回到最初的原点。

对自己不宽容的人,最终肯定会导致作茧自缚。当我们学会宽容他人,也要学会宽容自己,尤其是当很多错误并非出于本心时,只要尽力了,我们就应该给自己一个肯定。没有谁的人生是一帆风顺的,我们唯有以正确的心态对待这一切,才能让自己轻松地面对生活,宽容地接纳生活。

心理小贴士:

在唐山大地震和汶川大地震中,有很多人在经历了死里逃生、失去亲人、家园毁灭的打击后,心理都出现了问题。他们一味地沉浸在悲痛之中无法自拔,导致未来的生活也不能开展。因此,国家组织了很多心理专家赶赴灾区为他们进行心理疏导,这是比灾后重建更加迫切的重任。很多错误,并非我们所能左右的。换言之,为人处世,只要尽力了,也就问心无愧。我们必须学会宽容自己,才能坦然地面对人生的坎坷挫折。

第十章

不要较真：过于在乎升职加薪必定心生焦虑

人在职场，有谁没有做过升职加薪的梦呢？可以说，升职加薪是每个职场人士梦寐以求的。毕竟整日奔波劳累，是为了更好地生活，而且仅从自身的角度出发来考虑，也希望个人的价值得到更多的认可和肯定。然而，命运有时偏偏爱和我们开玩笑，你越是想要升职加薪，偏偏求而不得。任何事情最怕较真，如果我们能够放松心情，也许反而柳暗花明又一村呢！

忘记晋升，反而轻松得到晋升

我们常常真挚地祝福他人“心想事成”，然而这只是一种美好的祝愿。在现实生活中，偏偏有种现象叫作“事与愿违”。我们越是热切地渴望什么，就越是得不到满足。就像小孩子幻想着能够吃到一块大白兔奶糖，那样的憧憬和渴望也出现在无数人的心中。尤其是在职场上，很多有规划的人都是目标明确的。他们集中所有的精神和心智，为了实现自己的目标奋力拼搏，最终却竹篮打水一场空，甚至还导致自己的命运出现失误的转折，不得不说这是人生的一种遗憾。为什么命运如此残酷呢？其实，命运大多数时候掌握在我们自己手里。如果我们能够放松一些，不要因为一味地盯着遥远的目标而忽视了身边擦肩而过的机会，也许成功会不期而至。

从心理学的角度来说，当我们过于渴望成功，我们的精神就会变得非常紧张，甚至因此而影响了我们的行动，导致出现偏差或者失误。由此一来，我们变得精神涣散，无法全神贯注，也就失了神，影响了正常水平的发挥。就像很多高考的学生一样，当数十年寒窗苦读的结果就要出现，他们万分紧张，甚至不停祈祷，最终反而在考场上发挥失常，最终与心仪的大学失之交臂。相反，很多考生之所以能够超长发挥，取得超出自己预期的好成绩，就是因为他们总是能够淡定从容地面对一切，即使成果就在眼前，也不急不躁，更不会无法控制地紧张和兴奋。把这个道理套用到职场上，如果你想获得晋升，与其日思夜想，不如暂时忘记晋升，脚踏实地地去做，也许反而能够更容易得到晋升。

在很久以前，有个神箭手能够百步穿杨，在民间名气很大。天长日久，皇帝也听说了这个人的鼎鼎大名，因此，皇帝特意派人把他召到宫中，对他说：“听说你能够百步穿杨，是个神箭手。我也很想见识下你的箭术，这样吧，你今天就给我表演一下。如果你真的如人们所说得那么厉害，我就召你入宫为武官，给你丰厚的俸禄，还赐你良田美宅，你看如何？”神箭手连连点

头，喜不自禁。

皇帝让人把他带到开阔地带，在百步之外摆了一个小小的靶子。不想，神箭手平日里拉弓即射，今天却犹豫不决，瞄准了好几次，箭依然没有离开弓弦。皇帝不由得等到着急，说："你怎么磨磨蹭蹭呢！要是你这样去战场上，敌人早就逃之夭夭啦。"皇帝的话让神箭手不由得手抖起来，最终，他射出了箭，但是却偏离靶心很远。皇帝哈哈大笑，说："看来人们所言不实啊。我也不怪罪你了，你还是赶紧收拾弓箭走人吧。"神箭手走后，皇帝对身边的大臣说："人们总是以讹传讹，真是流言蜚语不可信啊！"大臣笑着说："皇帝有所不知，这个神箭手虽然箭术了得，但这可是他第一次亲眼见到您啊。您又许诺给他高官厚禄、良田美宅，他怎么能不紧张呢！皇帝要想看他的箭术，还得到市井之间。我可是亲眼所见，此人箭术的确高强。"皇帝不信，又择日跟随大臣乔装打扮，去集市上看这个人射箭。果然，百步穿杨，名不虚传，皇帝不由得啧啧赞叹。

在这个事例中，原本神箭手射箭是心无旁骛，因此能够专心一意地射箭。然而，当亲眼看到皇帝，并且亲耳听到皇帝许诺的良田美宅和高官厚禄，他射箭时就心神不宁，生怕一箭射偏就与美好前程失之交臂，如此紧张的心情最终影响了他箭术的发挥。其实，我们在职场上也是如此。人越是急迫渴望得到什么，就越是容易因为紧张的情绪受到影响，导致事与愿违。当你想在职场上获得晋升，甚至平步青云时，不如什么也不想，脚踏实地地去做。也许，升职就会水到渠成，给你意外的惊喜。

人在职场，不可不上进，但也不可一心一意只想着上进。我们只有摆正心态，戒骄戒躁，坚持付出，才能如愿以偿地得到回报。欲望有的时候能够刺激我们进取，但是一旦过度就会变成我们成功路上的障碍。只有保持一颗淡然的心，我们的人生之路才能更加平顺。

心理小贴士：

有些人总是爱表现自己，在领导面前是一个样子，在领导背后又是一个样子，如此急功近利，早晚有一天会被领导识破。我们唯有真正地把工作作为事业去经营，努力在工作中展现自身的价值，才能水到渠成地得到晋升，也获得他人对自己的认可和肯定。

在团队中，你为什么惴惴不安

很多在职场上奔波的人，总是因为惴惴不安。他们之中，有些人是为业绩担心，有些人害怕得不到领导的赏识，有的人因为无法处理好与同事之间的关系，有些人则是因为觉得自己无法融入团队。毋庸置疑，在现代职场，任何人也不可能凭借一己之力取得成功，因而必须融入团队之中，与团队其他成员凝聚起来，精诚合作，最终才能发挥集体的力量，取得巨大的成功。在通常情况下，有个人英雄主义情节的人，总是自我感觉良好，甚至非常自负。他们不愿意把自己的力量贡献到团队之中，也不想与其他人成为一体，分散功劳，因而总是对团队有抵触心理。长此以往，他们必然产生形只影单的感觉，总觉得自己曲高和寡，也觉得自己受到他人的排挤。他们却没有意识到，是他们在排斥别人，而非别人容不下他们。这样的感受维持得时间长了，他们未免惶恐不安，工作上也会受到很大的影响。试想，如果你整日在一个你觉得人人都对你虎视眈眈的环境里工作，还能心无旁骛地发挥自己所有的能力吗？相反，如果团队里的每个成员都与你非常亲切熟稔，在共同完成任务的过程中，你们还建立了如同革命战友般的深厚情谊，那么你还会惧怕面对他们吗？还会觉得自己受到所有人的排挤吗？

当你在团队中感到惴惴不安时，也就意味着你没有真正融入团队。要想在工作上有特殊突出的表现，你应该从现在开始学会更好地与他人相处，真正地融入团队。

作为一名从农村考入城市的大学生，林倩在同学们中总是觉得很不安。每当看到其他女孩们穿着光鲜亮丽的衣服趾高气昂地出入于校园，她总是不以为然地想："哼，有什么了不起的，不就是有漂亮的衣服么！"渐渐地，她在这种羡慕嫉妒交杂的情绪中，变得越来越自卑，常常觉得每个同学都在嘲笑她的土气和穷困。到底怎样才能更好地面对这一切呢？林倩越来越自卑，根本找不到出路。

大学毕业后,林倩四处找工作,想留在这个大学四年已经熟悉的城市。然而,她接连找了很多份工作,都处处碰壁,原因是面试官觉得她不够自信,性格孤僻。最终,林倩好不容易才找到一份工作,是做销售的。众所周知,销售行业既讲究合作,也重视竞争。可以说,销售行业从业者之间的关系是最微妙的,既离不开与其他同事打配合站,又要努力超越其他同事。在来到公司的一个多月时间里,林倩却始终默默无闻,既不和同事过多地打交道,有了问题也不好意思直接问同事。因为眼界狭窄,每当听到其他同事在一起天南海北地聊天,她都插不上话,生怕自己说错了会招人笑话。就这样,林倩越来越孤僻,最终选择了辞职。

性格不好,很容易导致我们的职业生涯发展受到阻碍。在大多数情况下,我们知道如何与人相处。但是一旦原本简单的人际关系进入职场,掺杂着太多的利益因素,就会变得异常复杂。我们只有积极地融入团体之中,与其他成员团结合作,开阔眼界,不要因为蝇头小利就与人关系紧张,这样才能真正成为团体的一员。

对于职场新人而言,其实融入团体是更便利的。因为职场新人缺乏工作经验,几乎每一个先入职的员工都可以成为他们的前辈。因而当职场新人怀着谦虚和诚恳的态度向前辈们请教时,前辈们自然好为人师,职场新人也恰好可以借此机会与前辈们搞好关系,顺利地融入团队之中。总而言之,一味地自高自大的人是无法融入团队,也无法获得成功的。我们唯有更好地与团队成员精诚合作,才能真正发挥自己的能力,使自己在职业生涯中得到长足的发展。

心理小贴士:

要想尽快融入团队之中,你可以先从团队里某一两个脾气相投的人身上着手。例如,找到与他们共同的兴趣爱好,从而成功打开他们的心扉,让他们接纳你,然后再通过他们的引荐进入团队内部,与每个人都处好关系。此外,你还可以积极主动地参加公司的各项活动,也可以为团队里的一些小型集体活动出谋划策,最终得到大家的一致认可和好评。还需要注意的是,即使是与团队成员之间存在工作上的竞争关系,也应该友好竞争,千万不要为了利益不顾一切,这样就会遭到整个团队的排挤和唾弃。

眼界决定人生高度，也帮你消除疑虑

有一只小青蛙皮皮生活在井底，它从出生以来一直待在井底，因而从未看见过外面的世界。有一天，另外一只小青蛙豆豆随着雨水也落到井底，豆豆看惯了外面的天大地大，因而迫不及待地想要出去。无奈井实在太深了，豆豆努力了很多次，都无法成功地从井里跳出去，它自言自语："我什么时候才能出去呢？这里太小了。"皮皮听了之后，不服气地说："这里怎么小了？这里多么宽阔啊，你看，我足足要蹦跳十几下，才能到达那边呢！"豆豆不以为然地笑了，说："你蹦跳十几下就叫大了？你是没有见识过外面的天地啊！"皮皮更生气了，说："我怎么没看到。你看，天不就在那里么？"说着，皮皮指了指井口的那片天地。豆豆与皮皮无法沟通，只等盼望着有朝一日能出去。没过多久，有一个木桶垂下来打水，豆豆赶紧跳进木桶里，还劝说皮皮也跟着一起出去。皮皮却摇摇头，说："我可不想出去，外面也是这么小，而且还有危险。"就这样，豆豆顺利跟随木桶回到了地面上，皮皮永远地留在了井里。

这只是一则寓言，与井底之蛙类似，但是却为我们揭示了深刻的人生道理。青蛙皮皮永远生活在井底，因为从未看过外面的世界，也不觉得井底局促狭窄。相反，青蛙豆豆一直生活在外面广阔的天地里，一旦进入井底，就觉得无法忍受这么小的空间，这就是眼界。直到最后，皮皮因为对未知的恐惧而拒绝与豆豆一起回到地面。生活中，眼界往往决定了我们人生的开阔与否。如果一个人始终眼界狭窄，那么就会禁锢他自身的发展，因为他会对很多事物心存疑虑，且不敢去尝试。相反，如果一个人眼界开阔，那么他就敢于尝试很多事物，对于人生的格局也规划得更好。由此可见，人生的高度是由我们的眼界决定的，人生的创新也取决我们对未知的把握和理解。

作为职场人士，亚军算是非常精细的。和大多数男人的粗枝大叶相比，

亚军心思细腻,不管什么事情都算得清清楚楚。尤其是和同事们在一起时,原本大家一起吃午饭,轮番请客,但是到了亚军,他总是推脱没带钱包,要不就是点一些很便宜的菜吃。一次、两次,大家以为是偶然,渐渐地,大家都知道了他的为人,也就不愿意再与他走得太近了。在年终评选优秀员工时,亚军虽然业绩突出,工作表现也不错,但是因为人缘太差,居然落选了。看到其他在工作上不如自己的员工全都高高兴兴地领到了一万元奖金,亚军后悔莫及。

有的时候,在需要与同事合作时,亚军也算得非常仔细。需要付出的时候,亚军总是推脱,等到汇报工作时,他又总是抢先汇报,在领导面前争风头。渐渐地,同事们不但不愿意与他吃饭,也不愿意与他一起工作了。如此被孤独一段时间之后,领导也对亚军颇有微词。毕竟现代职场不是个人英雄主义的时代,如果脱离团队合作,即使能力再强也是不可能成功的。最终,在需要从内部提拔一名主管时,领导选择了另外一个虽然工作能力不如亚军,但是人缘很好,与同事打成一片的员工。

眼界决定高低,虽然亚军从未因为与同事一起吃饭吃过亏,在与同事合作期间也总是能够占到便宜,但是最终失去了人心,导致职业生涯的发展受到阻碍。细心的人一定会发现,大多数职场上的成功人士,都是非常宽容大度的。他们眼界开阔,不拘小节,从而才能使职业发展更加顺利。当你看到有些职场人士整日愁眉苦脸时,可想而知他们总是拘泥于蝇头小利。相反,有些人则总是高高兴兴地对待工作,他们不计较个人得失,总是一味地埋头苦干,该表现时就表现。如此一来,反而更容易心想事成。

人活着,快乐是一天,悲伤也是一天;洒脱是一天,忧愁也是一天。我们唯有摆正心态,尽量开阔自己的眼界,从而才能放下心中那些不值一提的疑虑,帮助自己更好地面对未来。即使面对同样的工作环境,也是那些能够积极乐观地面对的人更容易得到快乐,有所收获。眼界,决定人生的高度,要想拥有开阔格局的人生,我们就必须学会积极乐观地面对一切。

心理小贴士:

一个人能从生活中得到什么,往往取决于他的心。他看到什么,就会得到什么。因此,我们只有积极乐观地面对人生,才能得到命运慷慨的馈赠。

为了帮助自己开阔眼界，我们理应读万卷书，行万里路。而且，还要心怀大爱，这样才能不拘泥于小节，不为了很多小事斤斤计较。

即使错了，也比无所作为更好

在职场上，很多人做起事情来都犹豫不决，畏缩不前，也因此而失去了很多千载难逢的好机会，最终导致自己的发展遭到瓶颈。尤其是对于职场新人而言，他们更是畏畏缩缩，从来不敢放心大胆地去干，导致自己坠入无边的恐慌和焦虑之中。如此进退两难的境地，到底是如何造成的呢？归根结底，是因为这些人内心深处对于失败的恐惧。他们知道，归根结底，领导是以他们为公司创造的价值来评价他们的，更是以此作为标准判断是否继续聘用他们。如果一旦做错，领导必然对他们的评价降低，甚至会因此决定辞退他们。如此一来，岂不是非常糟糕吗？

实际上，这些人的所思所想完全错了。对于一个明智的公司领导而言，他们宁愿看到下属犯错，也不愿意看到下属畏手畏脚，退缩不前。否则，公司如何进步呢。在大多数公司领导心里，他们愿意付出一定的代价作为学费，培养员工在不断尝试的过程中迅速成长起来。唯有如此，公司才能不断地拥有新生力量，也才能持续进步，迅速发展。

遗憾的是，大多数人都本能地喜欢听到肯定，而害怕听到否定。他们一旦听到否定，非但承受不了领导对他们看法的改变，也无法承受给公司带来的巨大损失，更无法承受因为遭到否定而产生的挫败感。因此，他们首先过不了自己心中的那道坎，最终导致情绪失落，影响工作和职业发展。面对这种情况，我们首先要做的就是摆正心态。我们不能因为走路会摔倒，吃饭会噎着，就不走路，甚至不吃饭。我们唯一能做的就是做足准备，尽量减少犯错的几率，从而帮助自己勇敢地前进，哪怕付出犯错误的代价也在所不辞。

刚刚应聘到公司当总经理助理时，刘梦还是很受领导的赏识的。毕竟，

刘梦不仅有着名牌大学的文凭,而且人又长得漂亮,身材高挑,气质脱俗。带着这样一个助理出席各种场合,领导也觉得面上有光。然而,一段时间之后,领导发现刘梦有个致命的缺点,即她做事情总是瞻前顾后,一个简单的工作安排都要来请示好几遍,这让领导感到很厌烦。

前几天,领导交代让刘梦做一份文件,总结近几年来办公室里的人员变迁。刘梦当时就再三和领导核实,领导也不厌其烦地给刘梦讲解了。但是,直到三天之后,刘梦还是惴惴不安地问领导:"领导,您帮我看看这么做可以吗?您说行,我再接着往下做。"领导不耐烦地说:"难道连这么简单的工作要求你都不明白吗?"刘梦脸红了,说:"我主要担心做得不对,就变成无用功了,也耽误你的事情。这样再核实一下,心里踏实。"领导不以为然地说:"如果我给每个人安排完工作后,他们都再三找我核实,那我还不如自己做省事呢!"就这样,领导对刘梦的印象越来越差,甚至觉得她就是个中看不中用的花瓶,只能作为摆设,而不能真正实用。后来,领导又找到一个更适合当助理的人选,就把刘梦派到办公室当个普通的文秘了。

原本,作为领导助理的刘梦是非常得意的,但是她却因为过于谨小慎微,最终失去了这个好的工作机会。其实,对于领导而言,新下属犯一些错误是可以原谅的,毕竟谁也不是一生下来就有丰富的工作经验的,要从无到有,逐渐积累。但是,对于刘梦这样凡事必须汇报并且核实好几次的助理,非但不能给领导减轻麻烦,反而还给领导增加了工作负担。因此,领导果断选择换人,哪个领导愿意给自己添堵呢!

每一个人职场人士,尤其是职场上的新人,都应该意识到犯错误并不可怕,可怕的因为害怕犯错误就永远原地踏步。现代社会,各行各业都在经历日新月异的发展和变化。作为社会的一员,我们也必须加快脚步,跟上时代的发展。否则,时代的洪流必将将我们湮没。这就像是站在河流中,如果河水不断地朝前涌去,而你却原地静止不动,一定会被无数的河水赶超。因此,我们至少要保持与时代同步发展的速度,如果心有余力,还可以超前一些获得进步,这样才能得到更好的机会,也让自己的人生变得更加精彩,与众不同。

心理小贴士：

工作永远都需要创新，而不仅是按部就班。作为现代社会的职场人，我们更要与时俱进，跟紧时代的脚步。虽然每个人都不希望被上司否定，但是有时这些否定恰恰是我们进步的阶梯，因为一个聪明人总不会把同样的错误犯两次，更不会在同一个地方摔倒两次。当你伴随着错误不断成长，你的未来也必然更加辉煌。

不要鼠目寸光，薪资并非工作的第一要义

在通常情况下，人们之所以勤勤恳恳地工作，大概出于三个方面的原因，首先，自己要活着就必须满足衣食住行的需要，就离不开金钱的支撑。其次，工作是实现我们人生价值的途径之一，在工作的过程中，我们获得了认同感，也就能得到更多的学习和提升自己的机会。最后，每个人都想得到长足的发展，只有工作，才能给我们提供更多的舞台。归根结底一句话，在工作之中，金钱只排在第一位，更多的是我们为了实现自身的价值，寻求更大的发展。金钱只是作为生活的必需品，也是通过工作谋生的必须回报而已。当然，金钱不是万能的，但是没有钱却是万万不能的。后两项的发展必须建立在我们能够很好生存的基础之上，所以找工作时我们依然要问及薪资。需要注意的是，关注薪资应该有度，在薪资能够满足我们需要的基础上，我们更应该关注职业发展前景等更加长远的内容。

很多人在选择一项工作时，过多地关注薪资，而忽视了公司的长远发展和广阔平台，最终导致虽然短期内拿到了高薪，最终却发展乏力，缺乏后劲。如此综合考量之后，聪明人一定知道，在薪资相差不多且都能满足生活需要的情况下，我们优选的是那些有广阔发展前景和能够提供大舞台的大企业。这样，几年之后，你的收获会远远超过那些看似减少了的薪资。

大学毕业后，王强和李琦一起去找工作。他们俩是好哥们，从来都形影不离，还是上下铺的好兄弟。原本，他们说好去同一家公司工作，继续同吃

同住同上下班,而且他们也的确找到了一家大型企业愿意同时聘用他们,但是李琦却突然改变主意。原来,李琦通过老乡的介绍,得到另外一家小公司的邀请函,并且这家小公司承诺给他的月薪,比这家大型企业高一千多。思来想去,李琦觉得一千多对他还是很重要的,可以改善居住条件,也可以吃得好一些,尽管王强再三劝他要看得长远,他还是义无反顾地去了那家小公司。

因为工作忙碌,在几年的时间里,王强和李琦只是偶尔匆匆见面,大多数时候都是用微信表达问候。直到大学毕业五年的聚会上,他们才真正有时间坐下来聊一聊。李琦向王强炫耀:“哥们,你现在拿多少钱了？我的工资已经比刚去时候的四千五,翻了一番了。”王强很淡定地说:“我的工资也和你差不多,只不过大型企业福利好,每个月有三千多的住房补贴。”李琦大吃一惊,说:“涨得这么快？我记得你当时的工资比我还少一千呢!”王强笑着说:“嗨,大企业晋升机会多。去了两年多,我就被提升为部门主管了,所以工资也水涨船高。再加上经常出差什么的,补助也很高。”听到王强的话,李琦默不作声,因为他虽然是公司里的技术人员,但是现在也还是个技术人员。在小公司,只有老板是直属领导,哪来的那么多官位呢！想到这里,他羡慕地对王强说:“你可真是有眼光。要是当初我和你一起去,现在也许相差无几呢!”王强谦虚地笑笑,说:“在哪里都一样,只要脚踏实地地干。你未来也不会差的,公司小,只要发展壮大快,你很快就会成为元老的。”李琦笑了笑,不想再说话了。

毕业五年后的王强和李琦,对于金钱的理解显然有了改变。如今的李琦,羡慕的是王强不但工资比他还高,而且还是个部门主管,未来年纪轻轻的必然有更大的晋升空间。因此,他无限懊悔自己当初鼠目寸光的行为。但是,时光不能倒流,李琦只能期望公司加快速度发展,设置更多的职位给他们晋升。否则,他只能选择跳槽,才能为自己寻找到更大的平台。

毫无疑问,在大公司工作是非常锻炼人的。因为大公司格局开阔,总会有很多大的项目,也会有盛大的场面。所以,年轻人在找工作时,千万不要一味地纠结于薪资。只要薪资水平相差无几,都能满足你的基本生活,当然还是先苦后甜更好。借着年轻的时候在大企业里为自己打下江山,所谓磨刀不误砍柴工，未来的职业发展一定会更好。

心理小贴士：

很多企业在经营的过程中都会出现资金问题，但是随着经营状况的改善，薪资也会水涨船高。所以，我们在选择一份工作时，不能一味地盯着薪资的高低。而且，在你从事某项工作的过程中，如果因为企业短期困难导致薪资浮动，也不要仓促急躁地选择离职。在爱情里，一起患难与共的夫妻总是感情深厚，同样的道理，当你有机会与企业共患难时，也应该把握机会，一起等待柳暗花明。这样，你与企业的缘分就会加深，你也会在企业的鼎盛时期得到丰厚的回报。

业绩虽重要，长远合作更重要

在职场上，业绩是非常重要的考核指标之一。很多公司看一名销售人员是否优秀或者合格，就是用业绩来衡量的。所以很多职场人士都特别看重业绩，这一则是因为业绩关系到他们在公司的定位，二则也关系到钱包是鼓起来还会瘪下去。从现实的角度来说，很多销售人员之所以最重视业绩，就因为金钱直接与薪资挂钩，业绩就是金钱。然而，当我们把业绩看得太过重要，甚至为了业绩而不惜一切代价、不择手段时，业绩就会变得像金钱偶尔的面目一样可憎。

因为业绩直接定位一名职场人士在公司的地位，所以业绩也直接和晋升挂钩。有过销售行业从业经验的人都知道，销售行业晋升速度是非常快的，因为业绩高就是王道。即便如此，我们也不能把业绩看得高于一切。毕竟，生活中还有很多东西比金钱更重要，也更能够成为衡量一个人的标准。明智的领导不会任用一个唯业绩是图的人，因此，即使我们为了业绩奋力拼搏，也应该有原则有底线，与同事之间保持友好的竞争与合作关系，这样才能让自己的职业发展更加长远。否则，你就会因为对业绩的患得患失失去平和的心境，这样一来，自然会导致你做出违反行业道德的事情，甚至会为

此被驱逐出整个行业。不管在什么情况下,做好一个大写的人都是最重要的,这远远比业绩的高低更重要。俗话说,君子爱财,取之有道。我们每个人都渴望得到更多的金钱和权势,但是必须通过正当的渠道,不可一时糊涂。

作为一名汽车销售人员,小曲是很有经验的。她从大学毕业起就进入汽车销售行业工作,至今已经有五六年的时间。但是,让人奇怪的是,小曲不管在哪家汽车销售公司,都只能待半年的时间。以她的资历,如果在同一家汽车销售公司工作五六年,肯定已经成为销售主管了。这一点,让小曲的新同事们都很疑惑。

在小曲来到新公司工作一个多月后,大家就都知道原因了。原来,小曲是个唯业绩是图的人。不管是对老员工还是新员工,她都毫无惧色地通吃。明明知道那个客户是新来的小丽的,她也依然面无愧色地迎上去,把他当成是自己的客户接待。等到小丽找上门来,小曲却无辜地说:“我不知道他是你的客户啊,他也没有说。作为一名成功的销售,你的客户来了怎么不找你呢?”说完,小曲还会教导小丽一番:“下次啊,你一定更要注意了。不管你的专业能力能不能征服客户,你一定要让客户记得你的名字,而且要让他一进店里就找你。不然,咱们这么多销售,谁知道这个客户是谁的呀!”小丽被气得呜呜直哭,却因为刚来几天,只得作罢。有一次,小曲又故技重施,切了一个老销售员的客户。这个销售员可没有小丽那么好欺负,马上就把事情捅到上司那里,并且说:“如果对于这样一个不遵守销售行业规则的人,公司依然纵容。那么我想我不会继续与这样的人为伍,我也相信公司不会为了她做出的那点业绩失去所有的人心。”上司当即表态:“一经查实马上开除,绝不手软。”客户所说的话证明,小曲的确蒙骗了客户在谁手里买都一样,客户也不知道销售行业的规则,因而就上当了,没有坚持联系此前的销售人员。上司不但把这单业绩算作原来的销售员的,而且毫不心慈手软,当即辞退了小曲。

在任何时候,通过不择手段的方式得到的那一点点业绩,就像是饮鸩止渴,根本不能解决根本问题。一个人要想取得长远的职业发展,就必须遵守行业规则,也与同事之间展开友好竞争,千万不要使用下三滥的手段。否则，一旦你的真面目被同事们识破，你重则被辞退，轻则变成人人避之不及的孤家寡人，最终肯定会走投无路。

对于一个人来说，金钱、职位和权势固然是重要的，但是品质是更值得珍视的。任何时候，我们都不能为了金钱、职位和权势而做出违背道德和良心的举动，否则，我们不但会失去他人的信任，而且会让自己遭受良心的拷问和谴责。

心理小贴士：

业绩当然能够体现一个人在工作上的能力和表现，但是业绩同时也会表现出一个人对于金钱的欲望和贪婪的嘴脸。当你能够经受住业绩的诱惑，以正当的手段通过合理竞争的方式获得业绩，你才是真正值得人们钦佩的。

心境坦然，才能顺利度过“试用期”

对于职场新人而言，总是非常紧张不安地对待试用期，似乎试用期就意味着随时随地都有可能被解雇，就意味着不安定和悬而未决。其实所谓试用期，并非只是单位对我们单方面的考量和选择，在很多情况下，试用期也意味着我们可以在此时间段内，观察和考量单位各个方面的情况，从而帮助我们与单位之间进行双向考量，彼此都达到最佳的合作状态。当然，新人进了新单位，肯定是需要磨合的。尤其是当新人还是缺乏工作经验的应届毕业生时，单位领导肯定也有心理准备，为新人的一些失误买单。在这种情况下，我们应该以正确的心态对待试用期。即并非试用期必须任何错误都不能犯，达到完美，你才能留下来。相反，即使你犯了错误，但是只要你态度端正，为人勤奋，让领导觉得你是可塑之才，领导也会很愿意留下你，继续对你栽培和重用。因此，千万不要因为处于试用期而整日惴惴不安，否则会事与愿违，甚至因为在工作上表现不佳而被淘汰。

对于周涛而言，这已经是她大学毕业后找的第二份工作了。对待第一

份工作,她从试用期开始就战战兢兢,如履薄冰,好不容易熬过了试用期,又因为工作上出现重大失误而被辞退。现在呢,她对第二份工作更加紧张,毕竟第二份工作得来不易,她可不想再次去人才市场与那么多人挤在一起推销自己了。

第一天工作,周涛早早来到单位,主动打扫卫生。不仅如此,她还在工作之余主动帮助其他同事做事。有的时候,上司临时有事安排,她也马上毛遂自荐,当仁不让。刚开始时,同事们还比较喜欢她,渐渐地,她总是主动加班给了大家很大的压力,搞得大家都对她意见很大。因为顶头上司直接决定着她的去留,所以周涛还经常一早就来到单位,给上司泡茶冲咖啡。如今时间长了,同事间的风言风语越来越严重,大家都觉得她是在巴结和逢迎领导。为此,大家都开始讨厌她。两个月试用期结束了,虽然上司对周涛在工作上的表现很满意,但是却因为她引起了"民愤",不得不让她走人。

在这个事例中,周涛因为第一次工作失利,因而尤其珍惜第二次工作的机会。特别是在试用期里,她不但在工作上表现优秀,而且主动帮助同事,还与上司套近乎。殊不知,职场上的关系是非常微妙的。有的时候,即使你一切都做得很好,也得不到大家的认可。这是因为工作需要团队的氛围,而不是只突出某一个人。

不管是在试用期还是在日常工作中,我们都要始终如一,摆正心态。所谓路遥知马力,日久见人心。一时的表现好坏,并不能让我们定义一个人的水平高低。我们唯有保持平稳的发挥,才能在工作上得到更多的认可和肯定。

心理小贴士:

试用期的确存在很多的不确定性,因为有很多人面对试用期都如履薄冰,不但不敢问自己心中的问题,工作的过程中也是战战兢兢。其实,即使你在试用期伪装得很好,终有一日也会现出原形。与其等到耽误很长时间再失去工作,不如在试用期就表现最真的自己,从而才能展示自己的真实水平,也才能与单位之间进行真正的双向选择。

避开选择恐惧症，轻松找工作

有些大学毕业生找工作的时候抱着无所谓的心态，总觉得可以骑驴找马，先随便找个工作干着，养活自己，然后再慢慢地找更合适的工作。有些人则恰恰相反，他们觉得生命宝贵，不能随便浪费光阴。因此，他们总是认真地找工作，恨不得能找到一个可以做一辈子的工作，这样就可以最大限度地积累工作经验，也可以让自己成为公司里的元老，可谓一举两得。不得不说，这两种心态都有些极端。现代社会瞬息万变，处于随时随地的变化和发展之中，一份工作想干一辈子，显然不太可能。也因为我们自身也处于不断地成长和发展之中，经验在增加，能力也越来越强，因而也不太可能甘愿在一家公司干一辈子。这就像人们此前热议的跳槽行为，频繁跳槽当然是不好的，但是在重要的人生节点选择跳槽，则可以帮助我们获得更多的发展机会。因此，我们既不能频繁跳槽，也不能始终不跳槽，这必须是根据我们的实际情况作出选择的。

因此，很多人在选择工作中有严重的选择恐惧症。他们觉得这份工作离家近，可以多睡会儿懒觉；那份工作离家远，但是有发展前途；这份工作前景好，可以落户；那份工作报酬高，但是无法解决户口问题，而且竞争激烈……毫无疑问，每个人都想要得到一份十全十美的工作，但是这是不可能的。因此，在选择工作时，千万不要太贪婪，恨不得得到一切有利的条件。我们应该摆正心态，看看自己最想要得到的是什么，然后才能果断作出选择，也成功地取舍。

已经大学毕业的付伟，在毕业后半年之内，始终没有找到合适的工作。每当其他同学建议他先找份差不多的工作干着，然后一边积累工作经验，一边骑驴找马时，付伟却总是说："时间多么宝贵，我不能把有限的生命浪费在毫无意义的工作上。我必须找到一份有发展前景且是我真心想做的工作，才能去做。"就这样，当其他同学都已经开始工作时，付伟却依然奔波在找工

作的路上。一年以后,同学毕业周年庆,付伟才好歹找到一份工作。好朋友问他:“你找了一年多,现在的工作让你满意吗?”付伟摇摇头,说:“原本我以为只要有足够的耐心,就一定能找到合适的、适合我发展的工作。但是现在看来,这份工作依然不尽如人意。”好朋友笑着说:“知足吧。大多数同学都在小公司,你却进了外企,已经很好了。”付伟说:“哎,外企并不像你们想的那样是天堂,外企也有外企的烦恼呢!总而言之,现状与我的理想相差甚远。”好朋友真诚地建议:“千万不要这山望着那山高啊。其实,大多数工作都差不多,我们应该学会适应。社会不会完全让我们满意,适者才能生存。”

没过多久,付伟又辞职了。接下来的几年时间里,他频繁跳槽,不是嫌弃工资低,就是看不顺眼上司,甚至是因为与同事处不来,也或者是离家太远……如此几年时间过去,等到五周年聚会时,大多数同学都能利用这五年时间脚踏实地地工作,与公司共同成长,已经成为公司的中层管理者。只有付伟,始终在各家公司之间漂流晃荡,依然作为职场新人出现在每家公司的面试官面前。而且,也因为他跳槽过于频繁,很多公司根本不敢聘用他。

很多大学毕业生都会像付伟一样,因为刚刚从象牙塔里走出来,所以总是眼高手低,这山望着那山高。他们对于工作,有着太多的奢望,因而总是不停地更换工作,总以为下一份工作会更好。殊不知,当你因为对这家公司的上司看不顺眼而辞职时,下一家公司的上司也许更让你憋屈;当你因为这家公司的待遇不高而辞职时,到了下一家公司却总是延迟发工资。面对这种情况,即使你每个月都换一份工作,也无法达到最终的满意。

与此恰恰相反,没有任何人能够在刚进公司时就有丰厚的回报和和谐的人际关系。因此,我们必须学会合理面对这一切。如果你能够脚踏实地在一家差不多的公司干下去,那么几年以后,你就是当之无愧的老员工,既有资历,经验也越发丰富,对公司的企业文化等了解也更透彻。如此一来,升职的机会怎么会不率先青睐你呢!

心理小贴士:

很多人之所以在职场上取得成功,并非仅因为他们选择了一份合适的工作,也并非因为他们有多么出众的才华。在更多的情况下,职场上的成功人士成功的原因是,他们能够脚踏实地地工作,从不抱怨,更不挑三拣四。他们相信只要自己努力付出了,为公司创造价值,公司就会给予他们相应的回报。如此中肯和贴切的态度,也能够帮助你获得职场上的成功。

第十一章

克服紧张：越爱越担心，爱情不该抓太紧

爱情，是命运赐予人类最珍贵的礼物，然而，爱情却也让无数人为之焦虑不安，患得患失。爱情，既看不见，也摸不着，我们根本无法抓住爱情。它虽然无形，却比玻璃更容易破碎；它虽然像一团火，有时却会让人感受到彻骨的寒冷；它虽然像冰，又会在人不经意间把人灼伤……它就像是人世间最珍贵也最娇嫩的东西，让我们含在嘴里怕化了，捧在手里怕摔了，简直不知所以……面对这样的爱情，我们到底怎样才能获得幸福呢？

信任，是爱情恒久远的基石

相爱的两个人，要想获得长远的发展，最重要的是什么？是灼热的爱情吗？还是浪漫的爱情？还是飞蛾扑火般的爱情？爱情不管多么灼烈，都不可能维持长久。曾经有心理学家证实，爱情的保鲜期是很短暂的。那么，为什么那么多幸福的人能够穷其一生相濡以沫地生活在一起呢？就是因为他们彼此信任，相互宽容。在任何情况下，信任都是爱情能够永恒的基石。如果没有这块坚固的基石，试想，两个原本陌生的人突然之间因为爱的冲动让彼此紧密联系，他们不但同吃同住，还要一起面对人生的风风雨雨和各种突发状况，他们之间的关系甚至胜过父母亲情、手足情深，怎么可能没有矛盾、怀疑和质疑呢？面对生活中的各种状况频发，这两个原本陌生如今深爱的人，必须彼此信任，才能携手并肩度过人生的艰难时刻。

细心的人会发现，有些人相爱时如同干柴烈火相遇，一瞬间就烧红了半边天，但是最终却如同昙花一现，很快就奄奄一息。有些人相爱呢，虽然看似平平淡淡，但是一生之中却总是能够携手渡过难关，风雨同舟，不离不弃。这不同的爱情之所以结局迥异，就是因为有的爱情有信任作为基石，有的爱情看似坚固，实则因为缺乏信任而风雨飘摇。当然，并非两个人从相爱伊始就会非常信任。大多数爱情，都是在相处的漫长时间中，相爱的人彼此磨合，相互宽容，最终才形成了最深刻的信任。猜忌，就像是一片海，隔开了相爱的两颗心。信任，就像是一座桥，让相爱的人彼此心心相印。要想拥有幸福的爱情和圆满的婚姻，我们就要给予爱人最大的信任。无论发生任何事情，我们都要做到对对方不离不弃，无条件信任，这样的爱情才是真正完美的爱情。

这个周末，李刚和杜薇又在争吵中度过。起因很简单，周六晚上，李刚提议："好不容易过个周末，别在家做饭了，咱们出去吃吧。"原本这是个很浪漫的提议，但是杜薇却马上反驳："哎呦，现在你是大款了，吃不惯我做的饭

了是吧？”李刚不知道如何作答，只好实话实说：“我觉得做饭太累了，好不容易休息，咱们就去外面吃，你也能歇歇。”杜薇冷笑着说：“是啊，您老先生现在已经吃惯了外面的饭菜，不再是咱们刚刚结婚时的那个穷小子了，整天缠着我给你做红烧肉。”李刚一时语塞：“你怎么什么事情都能扯到一块儿去呢！既然你不想出去吃，咱们就在家吃吧。我来给你打下手。”“哎呦，怎么，觉得我人老珠黄，怕带我出去给你丢脸啊！也是，带着那如花似玉的秘书出去多么有面子，要不人家都说小蜜小蜜的呢！”这么说着，杜薇觉得越来越生气，继续说：“带着小蜜出差心情好吧，打着工作的旗号度蜜月，简直乐不思蜀啊！当初要是我去创业，现在也能带个小白脸刺你的眼，那多好！”李刚的脸上红一阵白一阵，最终爆发了：“没钱的时候你嫌弃我穷，现在有钱了，你看我又怎么都不顺眼！你要是不想过了，咱们就离婚！”

不想，李刚的这句气话点燃了杜薇心中的炮仗，她马上歇斯底里起来：“哎呦呦，你真是个没良心的玩意儿啊！我当初下嫁给你这个身无分文的穷光蛋时，你怎么不说离婚啊！现在，有俩臭钱了，你就离婚挂在嘴边上。是啊，我人老珠黄了，离婚了只能找个老头子。你呢，正当年啊，又有钱有势的，大概已经有很多漂亮的小姑娘在排队等着了吧，所以你才敢说离婚呢！”李刚实在无法忍受杜薇的奚落，只好摔门而出。

原本好好的周末，就这样因为杜薇的猜疑不欢而散。其实，杜薇只是因为缺乏自信，所以对如今事业如日中天的李刚百般不放心。但是，在没有确凿证据证明李刚的确变心了之前，她这么奚落和挖苦讽刺李刚，只会把李刚越推越远，直到李刚真的产生了结束婚姻的想法。只怕到时候杜薇哭都来不及了，更别说真的去离婚了。

在现代社会，虽然男女平等，但是当家庭需要作出牺牲时，有很多情况下都是女性朋友放弃工作和事业，回归家庭。这样一来，等到孩子长大了，女性朋友也已经人到中年，而男性则恰恰在此刻达到人生的巅峰，与作为全职家庭妇女的女性朋友形成强烈的对比和巨大的落差。在这种情况下，并非每个男人都是陈世美，女性朋友一定要对自己有信心，更不要逮到机会就对丈夫冷嘲热讽。夫妻之间的感情也经不起耗费，只有彼此信任，相互爱护，感情才会越来越深厚，彼此也才会更加珍惜。从现在开始，就让我们更加积极努力地对待爱情和婚姻吧！

心理小贴士：

正如一首歌里唱的，“军功章里有你的一半也有我的一半”。的确，男人不管多么成功，都离不开在他背后默默支持他的那个女人。因此，看着男人的成功，女人们千万不要自惭形秽，更不要盲目自卑。我们唯有挺直腰杆，努力成为家里的半边天，自尊自重自爱，才能得到男人的尊重和喜爱。任何深厚的感情，都经不起日久月累的消耗。我们以谨慎的态度珍惜爱情，才能拥有幸福完美的婚姻。

爱情就像流沙，禁不住你紧紧地抓

对于爱情，有些人痛恨它的不可捉摸、若隐若现，但是张小娴却说，爱情最美妙的时光，就是在患得患失之中。你虽然知道你与他彼此爱慕，但是却谁也不愿意挑破那层窗户纸，因而就这样在朦胧之中你猜我猜，你侬我侬，每天都像腾云驾雾，夜晚带着美好的期盼入睡，清晨带着美好的憧憬醒来。的确，这样的爱情是让人沉迷的，你不知所以地沉浸在他的一举一动之中，哪怕看到他的缺点，也觉得这缺点是可爱的，更觉得他对你有着无穷无尽的吸引力。这样的患得患失，的确是让人更加珍惜爱情，也知道爱情的无限美妙。然而，如果这个朦胧的阶段过去之后，你还是患得患失，那么未免要觉得伤心了。归根结底，爱情不可能永远持续这种虚无缥缈的状态，再美好的爱情也终将要尘埃落地，回归到脚踏实地的生活中，与柴米油盐酱醋茶为伴，充满着烟火气息。

很多人因为这患得患失的爱情，心中充满恐惧。他们在尽情享受过爱情的虚无缥缈之后，只想尽快回归真正的生活。然而，他们的爱人不愿意，依然喜欢这种捉迷藏似的爱情，最终导致他们心怀恐惧，生怕一不小心就会失去。他们原本应该享受美好爱情的心，渐渐变得焦虑不安，甚至为此想要牢牢抓住爱情。然而，爱情就像流沙，握紧只会让它更快地流逝。真正的聪

明人,不会试图抓住爱情,而会像放风筝那样,让爱情随风摇曳,却永远也离不开你。

路遥快 30 岁开始谈恋爱,他是个爱情至上的完美主义者,总是容不下任何瑕疵。寻寻觅觅这么多年,他才找到自己的意中人。然而,在确定恋爱关系并且开始同居之后,路遥却觉得惶惑了。

原来,路遥的女朋友晓菲是个很乐观开朗的女孩,有很多同性或者异性的朋友。每到周末,她并不像其他女孩一样黏着男朋友,而是希望能够彼此依然保留独立的空间。因此,她早早起床梳洗打扮,就对路遥说:“亲爱的,我去参加聚会了。午饭不回来吃,晚上见。”每当她高高兴兴地走了,路遥总是心里七上八下,不知道她到底是与女朋友约会,还是与男性约会。如此时间长了,路遥未免有些怀疑,有一次趁着晓菲洗澡,她偷偷看了晓菲的手机。如此一次两次三次……越发不可收拾。有一次,他在手机上看到晓菲总是与一个叫作“性感男星”的男人聊天,而且语气亲昵,不由得醋意大发。等到晓菲洗完澡,他马上质问晓菲:“性感男星是谁?为什么他还经常与你回家吃饭?难道他才是你父母眼中的未来女婿吗?晓菲听到路遥这么问,知道路遥偷看她的手机,马上生气地说:“这是我的事情,你管不着!”可想而知,他们之间爆发了一场大战,晓菲一气之下回了娘家,自始至终也没有解释性感男星到底是谁。

直到 3 天之后,一个男孩给路遥打电话,质问路遥为什么欺负她的姐姐,路遥才知道虽然晓菲是独生女,但是她舅舅家的表弟一直在她家生活。在解释一番之后,男孩笑着说:“准姐夫,你的度量也太狭隘了,而且你也缺乏自信,根本配不上我姐。告诉你吧,性感男星就是我,但是我姐不愿意向你解释这件事,肯定有她的理由。”果不其然,几天之后,晓菲趁着路遥不在家,拿走了自己的衣物,正式向路遥提出了分手。原来,晓菲早就觉得路遥的占有欲太强,甚至想要控制她的私人生活,因而早就不堪忍受了。

路遥因为追求完美的爱情,直到年近 30 岁才开始与晓菲恋爱。然而,他对于爱情的掌控欲望,让晓菲觉得喘不过气来,恨不得马上逃走。尤其是在正式确定恋爱关系并且开始同居之后,路遥更是变本加厉,在晓菲面前暴露了他对爱情的控制欲。因而,在路遥的质疑之中,晓非明明可以解释,却因为想要结束这段关系，而不屑于解释。就这样，路遥与晓菲的爱情走到了终点。

“生命诚可贵，爱情价更高。若为自由故，两者皆可抛。”从这首诗中我们不难看出，自由是人最想要得到的，远远比爱情在生命中的地位更高。因而，我们在对待爱情时一定要把握好合理的度，千万不要觉得越是牢牢抓住，爱情就会寸步不离。恰恰相反，过度的控制欲反而会使爱情逃之夭夭，也会事与愿违。爱情就像放风筝，要给予彼此独立的空间，要给予对方飞翔的天地，而又通过一根细细的线让彼此紧密相连。

心理小贴士：

爱情，不是可以衡量的任何物质，而是精神和感情上的升华与共鸣。不管我们爱谁，都应该首先与对方产生感情上的共鸣，在精神上也能达到同一高度，如此才能真正做到心意相通，志同道合，志趣相投，情投意合。此外，爱情也经不起衡量。每个人在爱情之中的付出都应该是心甘情愿的，千万不要斤斤计较。我们唯有对爱情保持淡定从容，这样才能与相爱的人平等相处，尽量避免给予对方紧迫感和局促感。

爱与不爱，永远是两个极端

在生活中，我们常常听到恋爱中的两个人在分手的时候会说：“分手了，我们还是朋友。”这句话听起来很像是电视剧情的需要而设置的，也许正是因为恋爱中的主角看多了言情剧，所以才想出如此戏剧化的分手台词。实际上，爱与不爱，永远在天平的两端，不可能折中，更不可能中和。你或者爱一个人，对他投入很多，爱得灼烈和死去活来。然而，爱情这种东西就是很奇妙，一旦你不爱对方了，马上就会与其成为陌路，甚至觉得对方的一切都与你再也毫不相干。这是为什么呢？究其原因，爱与不爱，永远是感情的两种状态，对于恋人而言，只有这两种状态可以选择，别无其他的出路。既然如此，当我们在爱情中遭遇瓶颈，觉得对方不爱自己了，或者自己也不再爱

对方了,最好的办法就是果断分手,从此大路朝天,各走一边,再无交集。如果一味地留恋,舍不得放弃,则只会使人们纠缠于其中。再换一个角度想,当你们从曾经的恋人成为朋友,那么当你们彼此展开新的恋情时,难道真的能够坦然相对吗?所以,与其勉强伪装出大度维持着友情,不如真诚地面对自己的心,告诉自己:不爱了,请走开。

现实生活中还有一种现象,即原本相爱的人之间感情发生变故,其中一方不爱另一方了,但是另一方却依然沉浸在爱情中无法自拔,在这种情况下,依然爱着的那一方肯定不愿意放弃,如果埋藏在心里还好,如果总是死缠烂打,则一定会让人觉得难堪。在这种情况下,又该怎么办呢?所谓强扭的瓜不甜,如果我们一味地要求对方恢复爱情显然是不可能的,最好的是我们自己调整心态,学会默默地关心和远远地观望。很多时候,放手也是一种爱,而且是一种更高形式和更博大情怀的爱。否则,用无爱的关系把彼此束缚住,只会让一切都变得糟糕透顶。

兰心和男友小风是大学同学。早在大三开始,他们就成了校园里人人羡慕的情侣。大学刚刚毕业,虽然小风觉得男人应该先成家后立业,但是无奈兰心想要拥有自己的家,因而小风还是高高兴兴地与兰心举办了婚礼。而且,兰心不管从生活上还是从事业上,都给了小风很多的帮助,从未拖累过他。

结婚之后,兰心并没有马上要孩子。她很清楚,小风必须先开展事业,一旦有了孩子就会增添很多琐事,影响他全心全意的投入事业。就这样,兰心在结婚第二年意外怀孕,却选择了放弃。又过了几年,直到小风的事业渐渐稳定,兰心也年近三十,他们才拥有了属于自己的孩子。从表面看起来,这个家庭有车有房也有钱,夫妻郎才女貌,还有活泼可爱的孩子,简直人人羡慕。然而好景不长,在孩子三岁的时候,兰心发现小风在外面有了婚外情。那个女孩兰心见过,就是小风的秘书,一个刚刚大学毕业的女孩,不但人长得漂亮,而且气质脱俗,在公司里总是和小风出双入对的。得知这个消息后,兰心当即向小风摊牌,虽然小风并不想拆散家庭,而且再三向兰心保证和那个女孩只是逢场作戏,但是兰心去意已决。最终,兰心既没有要任何财产,也不要小风给孩子的抚养费,而是独自一个人带着孩子去了遥远的地方。妻子和孩子的离去，让小风恍然大悟：这么多年来，自己在外面底气十足，只因为有这个家的支撑啊！现在，他再也无心和秘书卿卿我我，一心一意只想求得兰心和孩子的原谅。

不得不说，小风的行为是很让人伤心的。兰心从大学毕业小风一无所有时就与他在一起，足足过了十几年的时间，才让家庭有了更好的生活。就在如此一帆风顺的时候，小风却找了其他的女人，像很多男人梦寐以求的那样，家里红旗不倒，外面彩旗飘飘。虽然兰心为了家庭付出了很多，既没有自己的工作和事业，也没有收入，可是她依然选择毅然决然地离开。看看兰心的个性，我们可以看到一颗倔强、自尊自重和自爱的心。

尽管小风口口声声祈求兰心的原谅，自己不想失去家庭，依然爱着兰心，但是兰心知道，只有不够坚定和纯粹的爱，才会在诱惑面前失去原则和底线。既然不爱了，所有的金钱权势还有什么意义呢！这就像是一场旅程，最重要的不是沿途的风景，而是那个陪着你看风景的人。如果身边早已物是人非，与其纠缠不放，不如果断放手，至少还能保留尊严。

心理小贴士：

兰心的放手其实不仅仅是放了小风，更是放了自己。倘若她勉强与小风维持着夫妻关系，却在接下来的人生中每天都胆战心惊地担心小风出轨，那么这样的生活无异于煎熬。任何情况下，我们都应该变得简单而又纯粹，这样才能在面对很多事情时依然保持清醒和理智，也能够果断地做出取舍。那么多的年轻女孩凭着漂亮的面孔成为其他男人的小三，其实就是在出卖自己的灵魂。即便婚姻原本有爱，现在不爱了，我们也应该保持骄傲的心灵。不爱了，请走开！

婚姻中斤斤计较，注定无法幸福

现代社会物欲横流，很多原本美好的感情都已经被物质化了，因而整个社会都变得冷酷无情。举个最简单的例子来说，原本婚姻是两个相爱的人

的事情，如今却要两个家庭之间彼此较量，把原本让人喜笑颜开的婚姻变成金钱交易的筹码，让人作呕。越是在很多贫困山区或者乡村，要彩礼的风俗就越发地严重。男孩要想娶上媳妇，不但要集合全家的力量支付高昂的彩礼，甚至还要负债，才能完婚。相反，在很多大城市，早就已经没有了彩礼一说。这也说明精神文明之风吹到的地方，与落后偏僻的地方之极大不同。也因为这些落后的礼俗，不但给养育儿子的家庭带来了极大的负担，同时给年轻人之间原本纯洁无瑕的感情也蒙上了金钱的灰尘，甚至有些年轻人原本已经谈婚论嫁，却因为彩礼的多少争论不休，最终分道扬镳。

彩礼，是婚期的计较。比彩礼更普遍，也给婚姻带来更大伤害的，是婚姻生活中的斤斤计较。很多人虽然为了爱走入婚姻的殿堂，还有很多女孩哪怕嫁给穷小子也无怨无悔，最终却在生活的菜米油盐酱醋茶中失去耐心，也气量狭窄，最终失去了原本该得的幸福。因而，曾经有位名人说过，婚姻的幸福不是因为得到得多，而是因为计较得少。这句话简直就是婚姻生活的真谛。生活中，当无数夫妻因为鸡毛蒜皮的小事而争吵不休时，不如想想这句话吧！

毋庸置疑，在琐碎的婚姻生活中，可算账的地方实在是太多了。例如，谁做饭刷碗的次数多，去哪一方父母家过年的次数多，给哪一方父母的钱多，谁挣得多，谁为这个家买单的次数多，谁带孩子的时间长，等等。这些问题一旦想起来，简直三天三夜也说不完，三年也算不清。为此，如果夫妻之间纠缠在这些问题的计较上，快乐也就会渐行渐远。实际上，夫妻之间一旦成为一家，就成为利益的共同体。不管谁挣得多谁挣得少，都是为了这个家在努力付出。也不管谁花得多谁花得少，总而言之钱都是花在自家人身上，有必要分得那么清楚吗？因而，从现在开始就不要再为此计较了，否则原本再刻骨铭心的爱情，也会被这些斤斤计较磨光耗尽。

宋丽是个非常精明的女孩。早在没结婚的时候，她就比姐姐和弟弟更精明，也仗着会说话，总是把爸爸妈妈哄得很高兴，因而也就难免偏心疼爱她。后来，宋丽结婚了，她的丈夫小江是个典型的凤凰男，家在农村，学历不高，每个月只有微薄的收入。然而，也许是因为宋丽从小娇生惯养习惯了，在和小江回老家时，她反而觉得很新鲜，很有意思。就这样，在她的坚持下，爸爸妈妈为他们操办了婚礼。

果然,小江非常努力。结婚后大概七八年,小江因为表现突出,从市区调到了省城工作。如此一来,他只能两个星期坐长途汽车回家一次,每次大概五六个小时。如此时间长了,小江觉得很疲劳,就动了在省城买房的心思。不想,宋丽却表示反对。原来,宋丽仔细考虑过之后,算了一笔账:虽然他们市区的房子卖掉之后可以作为在省城买房的首付款,但是一旦去省城生活,他们每个月都要还好几千的房贷,而且小江家里人不可能为他们买房贡献一分钱,但是她却还得找爸爸要求支援。最重要的是,原本小江在省城的工资足够她和女儿在市区过上小资生活,但是一旦去了省城,就只能小农了。想到这里,她忿忿不平地说:"每次家里有事情都是我爸妈出钱,如果你想买房,就去找你爸妈借钱。而且,我也不能为了你一个人舒服不用跑路,就让我和女儿受罪。如果保持现在的状况,虽然你一个人辛苦,但是我和女儿都会很幸福。如果你坚持要搬家也行,你必须保证我和女儿的生活质量,而且我也不会上班去挣月供的。"听了宋丽的话,小江一语不发。他的父母都是农村人,整日面朝黄土背朝天的,根本不可能借钱给他们买房。而且,一旦买房生活必然紧张,既然宋丽算得这么清楚,小江也就不再坚持买房。

如此五六年过去了,小江最开始时每半个月都坚持回家一次。直到第六个年头,他总是找各种理由不回家,宋丽着急了,赶到省城去才发现小江早就和一名年轻的农村女孩同居了。此时此刻,她欲哭无泪。

一家人不管在哪里生活,一定要团聚在一起,才能有利于夫妻感情和孩子的成长。宋丽并非没有条件买房,却因为自私心理的影响,不愿意降低自己和女儿的生活质量,因而拒绝去省城买房,也不想与小江团聚。对于这样的决定,最终孤独寂寞的小江在外面与其他女人有染,也是情理之中的。如果宋丽能够不那么斤斤计较,一切以家庭大局为重,也许他们早就在省城买房团聚了,别的女人当然也就无缝可钻。

婚姻,涉及方方面面琐碎的事情。要想经营好婚姻生活,我们就必须放开心胸,不管遇到什么事情,也不管什么时候,都应以家庭大局为重,这样才能让家庭幸福和睦。

心理小贴士:

生活中,总有些人自以为聪明,感到自己明察秋毫,没有任何事情能够逃得过他的眼睛。殊不知,正是这种从来不吃亏的心态,让你们在婚姻生活中也同样打起精明的小算盘,最终赔了夫人又折兵,悔不当初,却又为时晚矣。真正的爱情中,一切的付出都是心甘情愿的,根本不会考量是否值得。当爱已经成为你本能的冲动,让你不计较任何得失,你又如何不幸福呢?!

不试怎么知道,行动派才能抓住缘分

对于爱情,很多人都抱着迟疑不决的态度。他们或者从未感受到爱情的滋味,或者曾经受过爱情的伤害,因而一朝被蛇咬,十年怕井绳。还有些人,是因为自卑,因而不敢勇敢地追求属于自己的幸福。不管什么原因,每个人的内心深处都是无比渴望爱情的。那么,在爱情悄然来到身边时,我们一定要毫不迟疑地抓住爱情转瞬即逝的好机会。

爱情,没有一定之规,是人世间最玄妙的东西。很多情况下,高高在上的公主也许偏偏爱上穷小子,尊贵的王子出乎所有人预料地选择了灰姑娘,正如现代社会的梧桐女和凤凰男的故事一样,尽管后续的现实生活有着无穷无尽的烦恼,但是爱情偏偏就这么发生了,没有任何理由和征兆,也不会给出任何人以解释和借口……实际上,爱情就是如此奇妙。很多人的相知相爱,源于一次不经意的邂逅;很多人的一见倾心,从最初的误解开始:很多人真的应征了"不是冤家不聚头"这句话,一辈子虽然打打闹闹,却爱得刻骨铭心……这就是爱情。对于不同的人,它总是幻化出不同的面貌出现。因而,只要有一丝一毫的机会,我们都必须勇敢地尝试,以免让爱情偷偷溜走。

尤其是当爱情朦胧而又不确定时,我们更应该怀着宁可错杀一千、不可放过一个的心态勇敢追求和尝试。否则,如果你一味地陷入单相思的期待中等着对方主动表白,也许就会因为对方同样腼腆,导致错过最佳的时间和最对的人。任何时候,我们都要把命运把握在自己的手中,唯有如此,我们

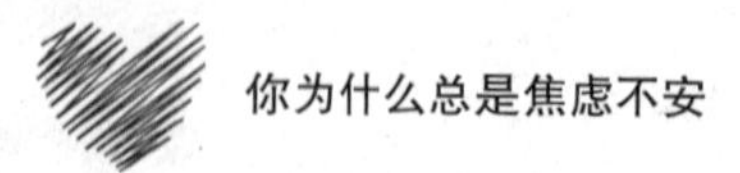

才能真正做到积极主动,从不错过。

从大二那年,姿奇就默默地喜欢上了一位学长。这位学长不但人长得英俊帅气,而且学习成绩名列前茅,也特别有情趣。和很多男生的邋遢相比,他总是干净清爽,身上带着阳光的味道。当然,姿奇知道也有很多其他的女孩喜欢学长,不过没关系,姿奇并不准备表白,只要能够经常看到学长的身影,能够默默地关注他就好。

就这样,姿奇在单相思中大学毕业了,开始步入社会。此时此刻,学长已经在一家单位工作一年了。为了再次看到学长,姿奇努力地通过英语考级,最终毕业之后也进入这家外资企业的公司工作。再后来的日子,姿奇看着学长和其他女孩恋爱,却始终不敢表白。又几年过去了,学长经历了结婚,后来又因为感情不和离婚。看着学长痛不欲生的样子,姿奇终于勇敢地迈出了一步:她请学长一起吃饭喝酒唱歌,想帮助学长走出痛苦。不想,喝醉之后的学长喃喃自语,口中居然呼唤着姿奇的名字。那一刻,姿奇如同被定住了,不能动弹半分,甚至连呼吸都停止了。过后好几天,姿奇联系了学长的前妻,询问他们离婚的原因。学长的前期忿忿地说:"他根本不爱我,他爱的是一个叫'姿奇'的女孩。我不能忍受他喝醉了就喊着那个女孩的名字入睡,所以才选择离婚。"姿奇恍然大悟,原来,他们都同样羞涩,也都同样不懂得开口表白,所以才会错过了这么多年的默默等待。

最终,姿奇决定表白。她给学长写了一封长长的信,信中倾诉了自己这么多年来对于学长的爱慕。终于,学长与姿奇真正了解了彼此的心思,成为人人都羡慕不已的一对爱侣。

漫长的等待和诸多的挫折煎熬,只因为姿奇和学长都不愿意抢先开口表白。其实,他们并非不爱对方,而只是各自都感到自卑,觉得自己还不够优秀,还配不上对方。为此,他们才一再地错过。其实,爱情里所谓的平等,就是人们的彼此相爱。所谓的身份地位、权势名利,甚至是长相和气质,都通通不重要。如果你爱一个人,就一定要勇敢地说出自己的爱,这样即使被对方拒绝,你至少也没有辜负自己的心意。否则,如果你们都因为不好意思表白而错过,最终一定会遗憾终身的。

与其对于爱情怀着无限的期望,活在猜测和单相思之中,不如从此时此

刻开始就鼓足勇气,大胆地把爱说出来。任何人的爱情都经不起等待,时光飞逝,让我们抓住爱情悄悄溜走的脚步吧!

心理小贴士:

无论爱情的前途多么缥缈,我们都应该给自己和他人一个机会。任何事情,只有行动了才能知道结果,一味地猜测并不能对于解决问题有任何实质性的帮助。没有人能够预知未来会怎样,我们唯一能做的就是把握现在。从此时此刻开始,就让我们勇敢地表白自己的爱吧,那也胜过于在心中将其默默埋葬!

爱要坚定不移,迟疑的爱风雨飘摇

很多人做事都会犹豫不决,似乎有选择恐惧症,也生怕做出错误的决定。即使对于爱情,他们也总是感到迟疑。这样的人,就算有一个爱人来到他的身边,他也会患得患失,无法在第一时间就做出最果断的决定。即使爱了,又担心爱情会让他们遍体鳞伤,无法自拔。但是,人在一生之中做什么事情是没有风险的呢?可以说,任何事情都有风险。我们唯有端正态度,摆正心态,才能面对坦然人生的得失,才能张开怀抱迎接爱情。

爱,就要坦荡,就要从容不迫,就要果断,就要毫不迟疑。任何千载难逢的好机会都是转瞬即逝的,爱情也是如此。如果你对于爱情的到来迟疑不决,那么你非但无法抓住爱情的机会,还会因此而与爱人失之交臂。人生,经不起等待。看似漫长的人生,其实也就在弹指一挥间。如果我们总是犹豫,总是怀疑,那么我们即使最终决定去爱,也会因为迟疑而使爱情变得犹豫不定,风雨飘摇。看看那些成功人士的经历吧,他们不管做什么事情,包括对待爱情,都是非常果决的。因而,我们必须勇敢,才能拥抱和享受爱情的甘甜。

何浩对于清清,总是暧昧不清。何浩知道,清清之所以在事业上不遗余力地帮助他,就是因为对他有好感,喜欢他。然而,他享受这份感觉,却又觉得自己欠清清太多，因而始终无法鼓起勇气表达。直到何浩的事业步入正轨，开始进入高速发展的阶段，他对清清也越来越忽视，最终清清决定离开。这么多年来，她始终陪伴在何浩身边，却从未想过远方的父母多么孤独寂寞。如今，她决定要回家陪伴父母，毕竟何浩已经成为事业有成的青年才俊，他们之间的距离越来越远了。

对于清清的离去，何浩第一时间很想去追她回来。但是一想到清清为了自己离开父母这么多年，他又迟疑了：如果我去追了清清回来，她就无法陪伴父母。她已经为我付出了这么多，我继续这么自私下去，岂不是欠她更多吗？对于何浩的迟疑，好朋友林允不以为然："爱就是爱，不爱就是不爱。爱了，就要在一起，你应该向清清表白。她等了你这么多年，瞎子也能看得出来。你却找各种各样的借口，从不向她表白。你要是想帮助她孝顺父母，现在完全有条件把她父母也接过来享清福啊，这完全都不是理由。"在林允的说服下，何浩这才鼓起勇气去清清的老家，向清清表白。果然，清清感动得热泪盈眶，当即答应了他的请求。

在这个事例中，如果何浩没有追清清回来，那么清清一定觉得何浩不够爱自己，也不会以为何浩是为了让她和家人团聚才没有追她的。爱情，很多时候不用细思量，因为爱情是很纯粹的东西，经不起反复斟酌和考验。爱，就是爱，就要义无反顾地去爱，而不要想那么多让自己犹豫和迟疑的因素。否则，爱就会摇摆不定，最终失去缘分和契机。

在任何情况下，犹豫不决都只会让爱情悄悄溜走。爱情里，聪明果断的人之所以那么幸福，是因为他们从不迟疑。尤其是在爱人的心里，一方的迟疑必然代表着爱的不够坚定，这岂不是极大的乌龙吗?！因而，有的时候爱情里有一点点霸道并非不可以，反而会让对方感受到你毋庸置疑的深爱。

心理小贴士：

和人生同步，大多数人的爱情也并非一帆风顺的，而是会遭遇到很多坎坷和挫折。在这种情况下，我们无论遭遇怎样的困难，都应该保持坚定不移、毫不动摇的态度。否则，一旦我们的迟疑传染给所爱的人，则爱情就会前途渺茫了。

第十二章

维护朋友：良性友好的互动可以消除焦虑

人生在世，不可能没有朋友的陪伴。人是群居动物，每个人都需要在人群中找到属于自己的位置，才能更好地与他人交流，才能更好地展开生活。任何时候，当我们能够与他人进行友好的交流，也就能够帮助自己拥有美妙的心情。而且，随着友情的增多和加深，我们的焦虑也会消失于无形。朋友一生一起走，这些日子很重要。

灵活机动，帮助自己适应新角色

现代的职场，除了专业的技术和研发人才之外，对于大多数职场人士而言，最重要的已经不是能力和专业，而是人脉。很多人虽然能力超强，业务知识也很丰富，但是如果不能很好地处理人脉关系，也依然会被大多数同事排挤，无法在职场上取得长足的发展。尤其是对于变动很多的公司而言，一个职员要想更好地站稳脚跟，就必须非常灵活地处理人际关系。尤其是在升职的时候，在短时间内得到上司的认可和下属的接纳，则显得更为重要。因而，我们一定要灵活机动，才能迅速适应新角色，以最快的速度打开新局面。

大学毕业后，天宇进入一家报社工作。这家报社是国营性质的，因而每个人都是蒙混过关，高高兴兴地度日。因为报社有国家的财政拨款，所以大家根本不关心报社的出路以及现状，只要能拿上工资就好。刚刚毕业的天宇有满腔热血和豪情，根本没有意识到大多数人的心态。看到报社里的马姐凭着每个月能给报社拉来几则广告，就被大家捧着，他觉得很不服气。归根结底，报社要生存要发展，肯定要与时俱进。因此，天宇决定大展宏图，尽快做出点儿成绩来。

怀抱着伟大的梦想，天宇每天都外出寻找新闻热点，还四处给报社拉广告。一个偶然的机会，他得知有位公益人士要往西藏运送募捐的冬衣，因而与主编申请跟随车队一起去西藏。主编欣然应允，归根结底，主编还是希望把报社搞得风生水起，改变现在死气沉沉的局面。一个星期之后，天宇风尘仆仆地回来了，带回了大量的独家专访。这几篇系列报道刊出之后，的确引起了社会的广泛关注，但是让天宇奇怪的是，他似乎成了全报社同事的公敌。尤其是在主编大力夸赞他、将他树为榜样，并且号召大家都向他学习时，同事们全都对他怒目以视。有一次，天宇还听到有同事在背后议论他，说他心机颇深，不可小视。天宇觉得很委屈，也因为在报社里处境艰难，只

得选择了辞职。

毫无疑问,天宇是一个非常有理想有抱负的热血青年。然而,他有些急于求成,所以犯了冒进的错误。很多年轻人都和天宇一样,觉得进入一家新单位,首先是要表现自己,获得领导的认可。其实不然。任何单位都是一个小小的社会,我们要想在期间生存,最重要的就是先站稳脚跟。如果你不能很好地融入周围的人群中,而一味地只想表现自己,那么你就会引起同事们的嫉妒,导致自己处境艰难。在任何情况下,我们要想做事情,首先要做好人。而在单位里,那些性格各异的同事,就是我们必须面对的人。我们无论多么想要出人头地,都不能触犯同事们的利益,更不能给予他们压迫感和紧张感。否则,我们就会遭到他们的集体排挤,甚至是打压。唯有处理好错综复杂的人际关系,我们才能心无旁骛地专心工作,获得长足的发展。

人在职场,做好分内的工作固然重要,处理好同事之间的人际关系更加重要。试想,当单位里的每个同事都处处针对你,你又如何全心全意地面对工作呢?只有与环境和谐地融为一体的人,才能如愿以偿地获得每个人的认同和支持,当开展工作时也会事半功倍,如鱼得水。

心理小贴士:

每个人都需要适应自己的新角色,从大学校园到工作单位,从普通的小职员到中层领导者,从普通领导者到领袖型重要人物,从单身汉到丈夫和父亲,从娇滴滴的小女孩到妻子和母亲……在我们的一生之中,几乎每时每刻都在面临角色的转变。我们唯有及时调整心态,以最恰到好处的态度扮演好自己的新角色,才能与他人更加和谐融洽地相处。

与众不同的领导者,总是一呼百应

在职业生涯中,每个人都有自己的角色,有些人穷其一生也依然是个小人物,没有过多出色的表现。然而,有些人天生就像是个卓越的领导者,总是能够一呼百应,以独特的人格魅力把每一个人都紧紧地吸引住,使他们围绕在他的身边。这就是优秀领导者的独特魅力。毫无疑问，每一个领导都想成为优秀的领导者，都希望自己能够做到一呼百应。遗憾的是，有些人天生就有这样的才能，有些人即便再怎么努力也达不到。

如何才能成为一个优秀的领导者，做到一呼百应呢？毫无疑问，一名优秀的领导者一定是有着独特人格魅力的。纵观古今中外，大凡优秀的领导者都与众不同，能够吸引他人死心塌地地追随他。他们总是目标明确，意志坚决。他们从不妄自尊大，也不妄自菲薄。他们客观公正地评价自己，认识到自己的能力，从而能够扬长避短，最大限度地发挥自己的才能。他们很善于与他人交流，总是能够在第一时间打开他人心扉，并且引起他人的强烈共鸣。因而，他们身边从来不缺朋友，更不缺少追随者。他们的人际关系交往异常广泛，上至高官贵族，下至平民百姓，几乎无所不在。他们说到做到，言必出，行必果。虽然他们对待追随者的要求未免苛刻，但是他们总是身先士卒，因而能够得到大家的一致拥护和爱戴。他们总是以身示范，先做好要求别人的一切，再对他人提出要求，因而不管是追随者还是下属，总是对他们心服口服。当然，这几点只是非常概括和笼统的，针对不同的情况，还需要进行细节方面的补充。要想成为一名优秀的领导者，一呼百应，我们就必须首先做好自己，提升自己。

彤彤是个典型的富二代，因为父亲有钱，她从小就过着大小姐的生活，衣来生手，饭开张口，从不为任何事情发愁。然而，长大之后，父亲一心一意地想要培养彤彤的哥哥作为家族产业的继承人，为此，彤彤很不服气。既然女儿儿子都是父亲的亲骨肉，为什么父亲就重男轻女呢！一气之下，彤彤决定自己开办公司，自主创业。

就这样，她用妈妈私底下赞助她的钱，开了一家公司，专门做写字楼的装潢与设计。所谓初生牛犊不怕虎，彤彤作为职场新人，真的是一鼓作气，接连拿下了好几个大项目。然而，在和下属相处的过程中，她却遇到了困扰。原来，彤彤是娇生惯养的公主，从来做事情都是依照自己的喜好任性而为。如今，她依然我行我素，却没有意识到即便作为老板，也要与下属打成一片，有合作共赢的意识。在很多下属接连离职之后，彤彤才意识到一定是自己的管理方法有问题，因而请教了很多前辈，也查阅了很多如何与下属相

处的资料,最终认识到是自己的问题。为此,她改变态度,不再对下属颐指气使,而是经常向那些经验丰富的下属求教。每当节假日时,她还会豪爽地请所有员工聚餐。酒过三巡,她总是借着醉意说:“在座的各位都是我的前辈,如果没有大家的帮助和支持,不可能有我的今天。我这个人呢,脾气不太好,但是我愿意改,希望未来能和大家友好相处。我的原则是,工作归工作,生活归生活,工作上大家归我领导,平时休闲的时候大家就都是我的前辈。”彤彤的话让大家都哈哈大笑起来,原本心底里对彤彤的一点不满也都烟消云散了。从此之后,彤彤在下属面前一呼百应,不管提出什么建议,都总是能够得到大家的一致响应和拥护。

作为一个娇生惯养的富二代,彤彤自主创业不缺乏资金,也不缺乏帮助,而唯独缺乏与人相处的技巧,尤其是与下属相处的技能。和下属相处,既要有威严,又要平易近人,既要与下属打成一片,还要与下属保持适度距离,从而树立威信。绝对是远了也不行,近了也不行,只有不远不近,才能合理掌控。因而,彤彤在很多下属相继离职之后,从自己身上找到原因,即时调整管理思路,最终做到恩威并重,帮助自己成功树立威信。相信彤彤只要把握好与下属相处的度,就能把公司发展得风生水起,自己的事业也会一帆风顺。

任何一个领导,即使能力再强,也不可能凭借一己之力做好所有的事情。任何人,都必须与团队凝结力量,才能扬长避短,最大限度地发挥自己的能力,实现自己的梦想。当领导有信心,就会给整个团队带来莫大的信心,带领团队披荆斩棘,勇创辉煌。

心理小贴士:

想一想,作为一个领导最大的成就不是做出了什么惊天动地的事情,而是能够在下属之中振臂一呼,就应者云集。这样的领导力,这样的号召力,是每个领导都梦寐以求的。因此,我们必须努力提高自身的能力,也增强自己的人格魅力,从而使自己成为那个独具魅力、一呼百应的优秀的“领袖”。

把折磨人的交流,变得轻松愉悦

在人类社会的生活中,交流作为必不可少的一项,日益受到重视。原本,人们应该从交流中取得共鸣,获得他人的认可和尊重,也满足自己的信心和心理需求。然而,偏偏有些原本应该愉悦的事情就成为痛苦的源泉,给人们的生活带来无穷无尽的折磨。如交流,有时我们与同事进行交流,偏偏陷入莫名的恐惧之中,导致交流成为一种折磨。每当这时,我们应该怎么办呢?

很多人不适应人多的场合,尤其是让他们在公开场合讲话,简直是难上加难;有些人感情内敛,不善于和亲近的人诉说真情,因而导致对方不得不靠猜测来了解他的心思;还有些人想让老板给他升职加薪,却不知道如何开口;也有些人就是不爱说话,无论如何都不喜欢表达心声……不管出于哪种情况,交流都失去了愉悦的成分,只剩下难堪、尴尬和折磨。每当这时,我们就应该想方设法使交流变得轻松简单。例如,害怕在公开场合讲话的人可以锻炼自己的表达能力,让自己变得勇敢自信;不敢和亲近的人诉说真情的人呢,更应该认识到表达情感是很美好的事情,不要心生抵触;还有些下属不知道如何得到加薪,其实想要升职加薪也是有技巧的,说得巧妙,让老板高兴,才能如愿以偿;还有些人不喜欢表达心声,那是因为他们还未感受到顺畅沟通带来的乐趣……只要把这些问题全都解决掉,交流就会变得轻松愉悦,让人快乐。

每到年终总结时,同事们之间总是几家欢喜几家愁。大多数人渴盼着升职加薪,悦悦也是如此,但是她却不知道应该如何张口。悦悦是个很腼腆的女孩子,她总是逆来顺受,工作上勤勤恳恳。然而,她的妈妈因为脑溢血偏瘫,导致家里的经济负担突然加重。今年年终,无论如何她也要为自己争取加薪,否则就只能换工作了。到底怎么说呢?思来想去,悦悦决定破釜沉舟,说个坦然。既然她面对老板总是面红耳赤,那么不如就借助于年终总结

的机会表达心声吧。悦悦从上学的时候开始就很擅长写作文,感情和文笔都很细腻,因而她决定发挥自己的特长,把自己的渴望写出来,也把自己的困难摆出来。

和大多数年终总结一样,悦悦首先总结了自己一年之中在工作上的得失。接着,她又说:“过去的一年我成长了很多。从一个无忧无虑的乖乖女,因为母亲突发脑溢血瘫痪在床,我变得成熟和有担当。我想,这样的品质对于我的工作也起到了积极的作用,因为我再也没有抱怨过工作的劳累和忙碌。我想,妈妈每个月雇用保姆都需要花费很多的钱,还要吃昂贵的药物,所以我必须更加努力,争取升职加薪,这样才能在来年继续在熟悉的环境里工作和生活,才能心无旁骛全心全意地投入工作。放在以前,母亲一生病我就会请假,但是这段时间里,我知道自己急需要钱,因而一边工作,一边在休息时间照顾母亲。虽然感到疲劳和憔悴,但是也明白了更多的人生疾苦,也知道了生活的不易。我想,在未来的一年里我必然更加成熟,更快地进步,唯有如此,我才能成为父母的倚靠,也才能成为公司里的中坚力量……”

如此洋洋洒洒的一篇年终总结,让悦悦把话都说到领导的心坎里去了,面对悦悦去年的全勤奖,领导知道这个柔弱的小姑娘一定付出了很大的努力,才能真正克服困难,坚持工作。因此,领导自然而然地把悦悦列入加薪的行列,这不但为悦悦解除了后顾之忧,也让悦悦感受到了领导的认可。这就是沟通畅通的魅力。

当沟通未“通”,我们要做的就是想办法改善沟通,保持沟通的畅通。任何时候,我们只有沟通到位,才能让一切事情都迎刃而解,也才能改善与他人之间的关系,让彼此之间更加宽容、理解。

心理小贴士:

任何人生活在这个社会上,生活在人群之中,都必须具备沟通的能力。沟通,是架起人们心与心的桥梁,也是人们信任的纽带,更是一切人际交往的基础。只有把握沟通的技巧,准备好沟通的各项条件,我们才能更好地与他人沟通,从而与他人和谐融洽地相处。

害羞虽可爱，但却给人带来困扰

提起羞怯这个词语，我们的脑海中情不自禁地出现“犹抱琵琶半遮面”的娇羞和不胜风情。殊不知，害羞虽然可爱，但是在现代社会却往往给人带来烦恼。和上百年前的“女子无才便是德”不同，现代社会的女子必须非常努力，而且要和男人一样在社会上打拼，才能为自己争得一席之地。如果说古代女子只要上得厅堂、入得厨房就是极致，那么现代社会的女子仅符合这两项显然不够，她们不但要照顾家庭，还要拥有超强的能力，从而在职场上实现自身的价值。因而，害羞的女子依然可爱，却也在生活中遭遇很多困境和烦恼。

从心理学的角度来说，害羞是一种心理障碍。害羞分为很多种，从轻重的程度不同，有些害羞只自己知道，属于轻度的，他人无从得知；有些害羞是中度的，会表现出异常的行为表现，如脸红、结巴、犹豫等，能够为他人所感知；最严重的害羞是重度的，表现出极度的不安、恐惧，当事人甚至想要逃离。因而，给当事人的生活带来严重的困扰，甚至使正常生活都无法进行下去。这样的害羞，会带来无穷的后患。尤其是面对人生的很多第一次，害羞的人总是比正常人要付出更多的努力，投入更多的信心和勇气，才能勇敢地迈出决定性的一步。不过，大多数人害羞都是针对陌生人或者陌生的情境的。在熟悉人的中间，他们害羞的状况会极大改善，甚至消失得无影无踪。因而，要想避免害羞，我们应该首先做好准备工作，这样才能尽量减轻害羞的状况。

在一切都进入快节奏的今天，已经没有太多的时间给人们害羞。很多好机会转瞬即逝，我们唯有落落大方地做好准备，才能抓住这些机会。否则，人生就会陷入无穷无尽的等待，再也没有扭转乾坤的好机会。尤其是在职场上，有些人明明能力很强，就因为害羞导致稍一犹豫，就与千载难逢的好机会失之交臂。其实，害羞并非不可战胜，最重要的在于我们要摆正心

态,满怀自信,在必要的时候还应该加强锻炼自己面对很多陌生人的能力,从而彻底改善自己的害羞状态。

哈桑非常害羞,尽管他是个将近三尺的壮汉,但是他心里却像小姑娘一样忐忑不安。尤其是在面对陌生人时,他甚至会面红耳赤,恨不得马上逃离。这种状态给哈桑的生活带来了很多困扰,他几乎从未通过任何形式的面试,因为紧张的情绪总是导致他结巴不断,无法说出任何完整的话来。他现在从事的工作是妈妈的朋友介绍的,直接跳过面试的环节,他开始工作。他的工作任务是看管仓库,做好出入库的登记和管理工作。这个工作不需要和太多的人打交道,而且很轻松,让哈桑觉得很快乐。然而好景不长,公司决定采取竞聘上岗的方式精简人员。为了继续得到工作的机会,哈桑必须战胜他的羞怯,与其他同事一样竞争上岗。为此,哈桑紧张不安,他不敢肯定自己能否通过竞聘。

为了锻炼自己的胆量,一向都是网购衣服的哈桑正巧要买一身运动服,因而他决定采取去商场采购的方式为自己购买。出门之前,哈桑足足犹豫了半个小时,他不知道如果遭到销售员的调侃应该怎么办,甚至是善意的玩笑,他也不懂得如何回应。然而,哈桑只能坚定不移地去做。他鼓足勇气,才离开家,朝着商场走去。

在销售员的询问下,哈桑结巴了很长时间,才指着一身藏蓝色的运动服说:“我需要它。”销售员似乎看出了哈桑的窘迫,因而友善地笑着说:“您真有眼光,这一款是今夏最流行的款式。”销售员的鼓励似乎并没有让哈桑放松下来,他反而更紧张了。他犹豫很久,才说出自己的尺码。销售员很快为他拿来了尺码合适的衣服让他试穿,当走进更衣室的那一刻,哈桑深深地吁出一口气,似乎获得了重生。就这样,哈桑总是抓住每一个机会勇敢地锻炼自己,他很清楚自己不能失去这份工作。一个多月过去了,在公司的竞聘即将开始的前夕,哈桑已经能够当着陌生人的面流畅地介绍自己了。这让他倍感欣慰,甚至信心满满,觉得自己一定能够竞聘上岗。

哈桑很害羞,他对自己的弱点心知肚明,因而总是竭尽全力地锻炼自己,因为他不能失去这份宝贵的工作。幸好,这个突如其来的变故让哈桑激发了自己的潜力,经过一段时间的锻炼之后,他果然不再那么害羞了。这是因为他迈过了自己心里的那道坎，知道一切羞怯都已经成为过去。

害羞就是这样，阻碍你的不是他人，而是你自己的内心。只要我们能够战胜自己的内心，就会变得勇敢，从而无论怎样都能以最好的姿态面对他人。要想避免害羞的情况经常发生，我们不妨也学着哈桑的样子，主动出击，找机会锻炼自己的自信、勇敢和胆识，从而帮助自己更好地对待未来的一切。

心理小贴士：

人生没什么可怕的，我们的敌人就在我们自己心里。只要我们能够战胜自己，就会变得无往不胜。当你说话时不再脸红，做事时不再忐忑不安，你就能够避免害羞的情况发生，从而给自己更好的未来。

人与人之间的距离需要随时调整

在漫长而又寒冷的冬季，刺猬们全都冻得瑟瑟发抖，因而只有蜷缩在一起取暖。它们相互拥抱，但是刚刚觉得暖和，又马上分开。原来，它们彼此身上的刺扎痛了对方，因而根本无法长久地保持拥抱的姿势。然而没过多久，它们就又觉得寒冷。无奈之下，它们只好再次抱在一起，如此分分合合很多次之后，它们终于找到了一个最恰到好处的距离，这个距离使它们既能够相互取暖，也不至于被对方的刺扎伤，因而一举两得，进退自如。

其实，人与人之间的相处也像刺猬一样，需要保持适度的距离。太远了，觉得寂寞难耐，太近了，又觉得被对方锋利的棱角扎伤。在这种情况下，我们唯有与他人保持适度的距离，才能以最佳的姿态与对方相处。虽然人是群居动物，但是毫无疑问，每个人都需要一定的空间自处。在西方国家，很多人排队的时候都会自觉地保持一定的距离，从不会紧紧地挨着他人，否则不但会让他人觉得缺乏安全，也会让自己别扭。细心的人也会发现，当我们与其他人交往过密时，很快关系就会变得恶劣，时不时地就会有矛盾产生，甚至还会闹些小别扭。相反，与那些初次见面的陌生人，或者关系算不

上亲密的人相处时，我们反而更加宽容，彼此间的关系也更加和谐。因此，与某人的关系越亲密，越容易与其发生摩擦和矛盾，反倒不及与初次见面者交往容易。家庭成员、情侣之间常常相互埋怨，正是这种情况的表现。按理说应该是交往得越深，就越容易相处，相互之间的人际关系也越好，可事实上并非如此。原因何在？就是因为人们离得太近了，彼此之间毫无距离，就会导致彼此的缺点毫无掩饰地暴露在对方面前，因而导致关系急速恶化。最典型的表现是在恋人之间。原本有些恋人谈情说爱时觉得对方是最完美的，但是等到真正在一起生活之后，却大失所望，矛盾不断。其实，这一则是因为彼此的关系变近了，二则也是因为我们必须怀着一颗包容的心，才能容纳他人，也才能更好地与他人相处。毕竟，人无完人，我们必须怀着更加宽容的心态，才能处理好人际关系。

作为法国前总统，戴高乐非常注意保持与他人之间的距离。就算是和仆人之间，戴高乐也总是小心谨慎地保持着距离，因为他曾说过，“仆人的眼中没有英雄。”从这句话不难看出，即使是伟大的人，一旦与他人亲密无间，也会失去神秘感，变得平凡无奇。因而，在担任总统的十几年时间里，戴高乐不管是与仆人，还是与智囊团、参谋、秘书等人，都始终保持着距离。为了保持距离，戴高乐甚至只聘用办公厅主任两年的时间。对此，很多人都感到不解，戴高乐却说，首先，调动工作是非常正常的事情，就像铁打的营盘流水的兵一样，没有人能在一个职位上干一辈子。其次，他不想让任何人依赖于他，恨不得在他身边工作一辈子。他认为，唯有保持人员的流动性，才能保持整个团队不停地注入新鲜的血液，也不会有任何思想僵化的现象出现。而且，这样还能防止腐败，有效避免那些在他身边工作的人打着他的旗号徇私舞弊。就这样，戴高乐的身边很少看到眼熟的面孔，他总是不停地更换着自己团队的血液，使其保持新鲜和朝气蓬勃。

作为法国的总统，戴高乐尚且如此谨小慎微，更何况是我们作为普通人呢！其实，任何人之间都需要保持适度的距离，倘若上司与下属之间没有距离，则下属就会对上司失去尊重和崇拜的感觉，甚至还会不以为然地干涉上司的决策。反之，假如师长和学生之间没有距离，则学生就会和师长过于亲密，甚至不把师长的教诲放在心里。即使是普通人之间，如果不能保持适度的距离，也会导致他们之间失去由距离产生的美，导致彼此间矛盾频发，争执顿起。如此一来，我们又如何能够更好地与他人相处呢！由此可见，不管你与他人之间是何种关系，不停地根据现实情况调整彼此间的距离都是非常有必要的。所谓距离产生美，距离也是人与人之间的关系得以建立和更好的发展。

曾经有位心理学家进行过一项特殊的实验。即在一间宽敞的阅览室中，只有一名读者正在静读。心理学家走进去，虽然有很多座位，但是他并没有坐，而是径直在那个读者旁边坐下。最终，大部分在不知情的情况下被实验的读者，全都迅速调整座位，坐到远离心理学家的地方。他们之中，甚至有人满怀戒备地反问："你要干嘛？"由此可见，在空旷的地方，任何人都难以忍受与陌生人近距离接触，这使他们感到深深的不安。人与人之间需要距离，这一定的空间给了彼此自由的独处，也使人从心理上感到安全。否则，一旦自己的安全距离被侵犯，人们就会感到恼怒，甚至无法忍受。

心理小贴士：

不管什么时候，我们都要学会与他人之间保持合理的距离。尤其是亲密的爱人之间，常常有人觉得既然相爱就应该毫无隔阂，殊不知，越是相爱的人之间，就越是应该保留适度的空间。否则，过分热烈和占有欲强烈的爱，一定会使人觉得手足无措，甚至感到万分沮丧。

沟通未"通"，怎么办

所谓沟通，是人与人之间实现交流的桥梁。沟通的方式有很多种，如面对面的语言表达，也可以鸿雁传书，当然，现代社会的电子技术这么发达，更多的年轻人喜欢使用现代化技术传情达意，如可以用微信、QQ、EMS等。这些手段，使得现代人之间的沟通变得随时随地，不受丝毫阻碍。然而，人们彼此之间的沟通并未因为现代通信技术的发达而变得畅通，反而由于生活节奏的加快和工作压力的增大，人们之间的交流也面临着很多困惑和阻碍。

在这种情况下,如果沟通未“通”,应该怎么办呢?

在通常情况下,沟通未“通”,有很多方面的原因。如沟通前准备不够充分,沟通过程中不能做到随机应变,或者沟通时语言表达不够清晰,甚至是不假思索就说出了很多不得当的话,导致彼此产生误解,等等。这些原因,都是导致沟通未“通”的诸多因素。首先,我们应该防患于未然,避免沟通未通,在交谈时做好充分的准备,做好对突发状况的预案。其次,我们应该寻找最佳的谈话时机。通常,谈话需要天时地利人和,才能气氛和谐融洽,说到他人的心里去,从而彻底打开他人心扉,让你们彼此间坦诚相见。还需要注意的是,有些沟通未“通”的原因是,人们彼此之间观点不同,原则相悖,甚至对于某些事情怀有成见。在这种情况下,我们千万不要急于否定和批评他人,因为没有人愿意被否定和批评,所以这么做只会使他人彻底关上心扉。正确的做法是,先对他人的观点表示认同和理解,再寻找合适的机会说出自己的想法,从而博取对方的认可和理解。当感情变得融洽,彼此惺惺相惜,原本很多观点背道而驰的人也会产生一定的共鸣,甚至惺惺相惜。

张晴和海涛结婚时,完全是裸婚。不但没房没车,也没有婚纱和钻戒,甚至迎娶新娘子的车也只有一辆灰突突的出租车,简直寒酸至极。但是张晴从未后悔嫁给海涛,因为海涛勤奋踏实,非常有事业心,也很有责任心,是个不可多得的好男人。唯一让张晴郁闷的是,海涛总是对她说话心不在焉,有的时候明明瞪着眼睛在听她说话,但偏偏不知道是什么意思。

这不,张晴晚饭时告诉海涛:“咱们回趟老家吧,大概需要 3000 块钱。家里的舅舅老了,大姨也老了,得去看看。”海涛不置可否,张晴以为他默许了。不想,当张晴收拾好衣服物品准备回家时,海涛下班回家,纳闷地问:“你这是要去哪里?”张晴突然就火了:“我不是好几天之前就告诉你要回老家了么!你怎么充耳不闻啊!现在就出发!”海涛不知所以,说:“啊,你说过吗?我不知道啊!”为此,张晴气呼呼地说:“你要是不想去也不用装聋作哑,我自己去!”说着,张晴拿起车钥匙,准备出发。海涛赶紧拦住她,张晴是个女魔头,海涛可不敢让她独自开车回家。因而,海涛简单收拾了下,就心甘情愿地当张晴的司机了。回家的路上,张晴依然不相信海涛不知道回家的事,但是海涛赌咒发誓,终于让张晴相信他真的不知道。原来那天说话时,海涛正一边吃饭一边盯着电视呢，所以根本没有注意到张晴在说什么。事后，张晴了解到男人真的来自金星，而女人却是来自火星。很多时候，女人可以一心多用，比如一边吃饭，一边看电视，还一边聊天。但是男人却只能心无旁骛地干好一件事，或者吃饭，或者看电视，或者专心致志地聊天。此后，张晴知道了要想和海涛聊天，必须绝对杜绝外界的干扰，否则一定无法如愿以偿地起到沟通的作用。想明白这一点，张晴也就掌握了和海涛沟通的秘诀。

沟通未“通”，有很多情况，如男人不可一心二用，这也是夫妻之间沟通未“通”的原因之一。在现实生活中，如果沟通不到位，就会产生很多的误解，导致人际关系产生危机。在这种情况下，我们首先要防患于未然，其次才是想办法让沟通更加顺畅。否则，生活中充满误解，一定不是让人愉快的感受。

心理小贴士：

生活中的很多误解，都是因为沟通不到位产生的。其实，不仅仅是相爱的人之间，即使是上下级之间，陌生人之间，都需要以沟通为桥梁，实现良好的互动。可以说，每个人每天都需要沟通。如果没有沟通作为桥梁，人与人之间就会成为完全独立的个体，很难产生关联。因而，我们必须提升自己的沟通技巧，让自己更加理智坦然地面对他人，与他人之间建立良好的关系。

如何成功克服社交恐惧症

所谓社交恐惧症，顾名思义就是对社交的恐惧，这是一种超越正常恐惧范围的病态心理。患有社交恐惧症的人，在与他人相处时总是精神紧张，不知所措。严重的社交恐惧症患者，根本无法做到像这个正常人一样在人群中生活，这使他们的生活、学习和工作受到严重困扰，甚至无以为继。

和害羞相比，社交恐惧症显然是更加严重的。它是一种人们无法控制的心理障碍，不管是面对任何人，他们都觉得紧张不安，甚至为此想要逃避。

患有社交恐惧症的人,极度缺乏自信,总是陷入自卑的泥沼中无法自拔。他们不愿意与其他人相处,觉得每个人都在用怀疑和质疑的目光看着他们,因而他们恨不得整日躲在家里,哪儿也不去。然而,人是群体动物,难免要与其他同伴打交道。在这种情况下,社交恐惧症患者会想出各种各样的借口逃避人群,甚至也逃避自己的内心。在社交恐惧症患者中,有很多人嗜酒,沉迷于毒品,或者采取其他方式逃避社会和人群。那么,到底怎样才能克服社交恐惧症呢?遗憾的是,生活中有很多社交恐惧症患者都被误诊为其他心理疾病,最终导致病情延误,越来越严重。因而,我们要想克服社交恐惧症,首先要正确认识社交恐惧症,不要对其谈虎色变。我们只有采取科学的态度正确对待社交恐惧症,才能帮助自身合理认识社交恐惧症,从而采取正确的方式和方法治疗社交恐惧症。有些人在生活中总是讳疾忌医,不愿意去看医生,尤其是心理医生,他们似乎认为只有神经病患者才需要与心理医生打交道。殊不知,每个人都有或多或少的心理问题,我们应该把看心理医生当成是理所当然的事情,千万不要为此觉得难堪或者尴尬。

自从大学毕业之后,李强没有及时找到工作,渐渐地越来越少出门,直至足不出户。看到李强这样的状态,父母感到非常担心。也因为他们都在大学里教授心理学,所以第一时间就带着李强去看了心理医生。果不其然,李强得了社交恐惧症,因为他觉得自己没有找到工作,肯定会被他人耻笑。所以他不管走到哪里,似乎都能听到窃窃私语的声音,这些声音无情地嘲笑他,深刻地挖苦他,使他痛苦不堪。在得知李强的病因之后,医生对症下药,很快就给李强制订了治疗方案。既然李强的痛苦是从找不到工作开始的,医生首先帮助他认识到大学毕业生找工作难的现状,接着又告诉李强找工作实际上并不难,只不过我们都想找到最合适的工作而已。他建议李强先不分高低贵贱,随便找份工作干着,只要能实现自身价值就好。而且,不管这份工作是高贵还是卑微,他都要求李强如实告诉遇到的每一个人。就这样,李强刚开始说的时候觉得很难为情,因为他的工作居然是给大公司当前台。在通常情况下,这样的职位都是女孩子在负责,但是李强还是遵循医生的意思,坦诚地告诉大家。渐渐地,他不再觉得自己工作卑微很丢人了。后来,李强换了一份很好的工作,变得越来越自信,社交恐惧症也就烟消云散了。

大多数社交恐惧症患者,害怕与他人接触的最重要原因就是缺乏自信。他们从未拥有充分的自信,而总是觉得自己得到的一切都名不副实。因而,找到恐惧症患者害怕社交的原因,是彻底消除社交恐惧症的关键所在。所谓心病还需心药医。我们只有真正走入社交恐惧症患者的内心,才能帮助他们战胜心魔。

需要注意的是,有些人明知道自己患有社交恐惧症,但是却无法很好地控制自己。在这种情况下,就需要借助于外力的作用,帮助自己恢复自信。有的时候,我们可以与好朋友结伴而行,一起出席人多的场合,这样能够有效缓解心里的紧张,帮助我们缓解社交恐惧症。还有些时候,我们可以通过化妆等手段来伪装自己的面部变化,从而让我们的内心恢复平静坦然。总而言之,社交恐惧症并不可怕。只要我们端正态度,从容以对,就一定能够战胜社交恐惧症,让我们的生活步入正轨。

心理小贴士:

很多人之所以感到恐惧,是因为他们内心深处过多地关注自己。他们以为自己的一切都备受瞩目,因而每当出现在人多的场合时,就感到万分不安。在这种情况下,我们应该学会看轻自己。归根结底,每个人生活的重点都是自己,而不是他人,所以也就没有人会把眼睛始终盯着他人生活。既然如此,你的些许变化又有什么要紧呢!告诉自己:我其实并没有想象中那么引人瞩目。

第十三章

多些努力：让易被焦虑侵蚀的心变得强大起来

很多时候，人们之所以焦虑，就是因为不够自信。当我们心中忐忑，不知道如何面对未来和过往时，不如更多地努力，让我们的内心避开焦虑的侵蚀。试想一下，有谁一生下来就是以成功者的形象出现呢！既然他人能够从平凡走向伟大，从平庸走向成功，我们一定要相信，我们同样可以。从现在开始，就让我们迎着风努力奔跑吧，只有超越自我，我们才能赢得整个世界。

千锤百炼，拥有一颗强大的内心

每个人都渴望自己拥有一颗强大的心，这样才能坦然面对命运的种种坎坷和挫折，让人生变得更加宁静淡然。其实，拥有一颗强大的心是很多愿望得以实现的基础，看似很简单也很容易做到的一句话，实际上需要我们付出极大的努力才能实现。看过《论语》的人会知道，《论语》一书告诉人们很多做人做事的道理，如果归结于一点，那就是成为“君子”。所谓君子，也许每个人对其定义不同。但是，君子一定有着一颗强大的心，因而大凡君子都是坚强勇敢、淡定从容的。《论语》中记载，当孔子带着诸多弟子行至陈国附近时，因为缺衣少食，很多弟子都患病了，无法继续前行。这时，子路有些恼怒地说：“君子也会贫困交加吗？”孔子淡然地说：“君子也会贫困，但是能够自守。小人如果困厄，必然滥行。”毫无疑问，君子和小人都会遭遇人生的逆境，唯一不同的在于，君子面对人生困顿依然能够坚持本心本性，小人却总是在困苦面前难以自持，甚至忘却初心，做出违反道德和法律的事情。

现代社会，人们行色匆匆，尤其是在物欲横流之中，君子俨然已经不多见。不过，为了应付瞬息万变的生活，我们依然需要一颗强大的心。如果一个人总是随波逐流，则一定会迷失自我，再也无法回归初心。生活本艰难，尤其是现代社会，很多年轻人因为对物质的渴望和贪婪，很容易就会迷失自我。他们或者颓废沮丧，或者一遭遇困难就放弃，即便积极进取，也总是不能承受批评、否定。看看网络上的新闻，有多少年轻的生命选择自杀，就知道现代社会人们的心灵已经脆弱到何种程度。在这种情况下，我们一定要千锤百炼自己的内心，让自己变得更加坚强和果敢，永不放弃。

他的老家在山东农村。他 3 岁时，父亲沾染毒瘾，把整个家都败光了。他六岁时，母亲实在看不到生活的希望，与父亲离婚，也离开了他。从此之后，他不得不跟随白发苍苍的爷爷生活。因为交不起学费，他只读了两个月

的书就辍学回家,开始与爷爷四处乞讨。他 13 岁时,又因为一场意外的车祸失去了双腿,从此,他从阎王爷的鬼门关里盘旋一圈又回来的生命,再也没有了双腿的支撑。他离家出走,遭受无数的欺负凌辱和白眼,深刻感受到生命的可贵。此后,他再也不去乞讨,而是凭借自己的双手干各种各样卑微的苦活儿,养活自己。也正是从这个时候开始,他站起来了。后来,他无意间发现自己在唱歌方面天赋异禀,因而靠着勤学苦练,最终一展歌喉,成为流浪歌手。

后来,他凭借好嗓子,走过全国几百个城市,还凭着双手的力量攀登高峰。他数十次攀登泰山,而且去过五岳。在江西九江流浪时,他还用歌喉打动一名美丽的女孩,使她成为他的妻子。从此,他的人生开始圆满,不但有了可爱的一双儿女,还有房有车,有了安稳的家。在得知汶川大地震的消息后,他凭着残弱之躯,第一时间赶赴灾区为灾民义演,捐钱捐物。这一切,都让他的心灵变得无比强大。对于自己传奇的一生,他总是告诉人们,不要因为没有脚而哭泣,至少你还有腿。

很多时候,灾难使人轰然倒塌,再也无法傲然于世。然而,在很多时候,灾难也可以使人变得无比强大,拥有一颗永不屈服的心。任何人,都是有价值的。人们之所以自甘堕落,是因为缺乏向上的精神和力量。任何时候,只要我们心中的旗帜不倒,我们就一定会拥有更加精彩的人生。

人生不是百米冲刺,不会在短暂的十几秒钟里就决定胜负输赢。人生,是一场漫长的长跑,只有永不放弃,历经艰难险阻依然初心不改的人,才能真正到达终点,享受胜利的欢愉。

心理小贴士:

任何时候,都不要小看我们心灵的力量。我们唯有永不言弃,怀着一颗坚定勇敢的心,才能在人生的荒原上披荆斩棘,最终经过漫长的旅途,来到人生绚烂的终点。要记住,一切的磨难都是为了让你变得更加坚强,而不是为了让你放弃。放弃,就会失去所有的希望。只有永无休止的坚持,才能帮助我们乘风破浪,驶向人生成功的彼岸。

专注，让你的心变得安宁充实

现代社会，工作压力越来越大，生活节奏越来越快，很多人都进入“快”的时代，包括工作、学习和生活，也包括爱情。快，让我们的生活踮起脚步开始一路小跑，甚至一路狂奔，也让我们忘记关注自己的心灵。因而，在这个全民都讲求快的年代，很多人的心开始变得浮躁，甚至越来越暴戾。他们不但没有时间反思自己，也没有机会洞察他人，只能这样就像行尸走肉一样奔波于人世间。然而，这样的生活并不是我们想要的。无论外界怎么办，我们都应该初心不变，那就是拥有自己的渴望，让自己的心变得充实而又宁静。

很多人付出了极大的努力，却始终无法得到成功的青睐，这是为什么？原因当然因人而异，但是有一个共同点就是，不成功的人都是缺乏专注品质的。所谓专注，就是认准目标，一往无前，从不轻易改变，也不因为成功或者失败而欢喜或者颓然放弃。专注的你，心灵更加安宁，身体更有力量，眼神更加犀利。因而，我们要想获取成功，就必须极尽努力地专注。唯有专注，才能帮助我们从纷繁复杂的事物中解脱出来，从而让我们能够更加心平气静地全心全意。人的脑袋就像是稻草人的脑袋，里面如果空空的，必然不行。但是如果里面装满了各种各样的繁杂琐事，导致整个脑袋就像浆糊一样，也必然无法捋清头绪，做些自己该做的事情。因而，我们要专注。所谓专注，就是心中记挂着一件事情，而分清轻重缓解，放弃那些不重要的事情，暂缓那些不够重要的事情。如此一来，你必然能够把大部分心思和精力都用在刀刃上，从而心想事成。

作为历史上第一个两次获得诺贝尔奖的人，居里夫人的一生是传奇的一生，也是平静淡然的一生。在科学研究的道路上，居里夫人始终不忘初心，坚持初心，最终才能获得巨大的成功。1895 年，居里夫人与比埃尔·居里携手走入婚姻的殿堂。当时，他们的新房空空荡荡，只有两把椅子。比埃尔·居里建议多添几把椅子以备有客人来访时的不时之需，但是居里

夫人却说:“多几把椅子当然好,但是如果客人来了坐下就不愿意走,那么我们用于科学研究的时间就减少了。”就这样,居里夫人把一生之中的大部分时间都用于科学研究,很少娱乐休闲。曾经有熟悉居里夫人的人说,居里夫人在世期间始终“像一个匆忙而又贫穷的妇人”,这个描述真的准确到位。

记得有一次,一位美国记者慕名前来拜访居里夫人。他在村子里走来走去,好不容易看到一座破旧的房子前有位妇女,而且还光着脚,看起来显得神情呆滞。因此,他走上去打听居里夫人的居所,最终才发现这个“村妇”就是大名鼎鼎的居里夫人。这个发现,让那个美国记者大吃一惊,甚至忘记了下面该说些什么。

在 1903 年,第一次获得诺贝尔奖之后,居里夫人的人生可谓功成名就。穷其一生,得到的各种奖项不计其数,仅家里的奖章就数不胜数。然而,居里夫人一心一意进行科学研究,从来不在乎这些身外的名誉。有一次,有个朋友去家里拜访居里夫人,居然看到居里夫人刚刚得到不久的奖章正被孩子拿着当玩具。要知道,这可是英国皇家学会颁发的金质奖章啊,朋友觉得难以置信,居里夫人却淡然地说:“我只是想让孩子知道奖章和玩具没有什么区别,无须过于放在心上。”朋友不由得心生佩服。

从居里夫人的一生中我们不难看出,她从未把有限的生命浪费在毫无意义的事情上。即便是功名利禄,对她而言也是不足挂齿的。因此,她才能专注于科学研究,及至成功,而后又再次获得巨大的成功,这就是专注的力量。

记得某大学有位大学教授,虽然没有任何功名,也不曾像大多数教授那样不停地发表论文,或者获取功名,但是她始终专注于研究教学,最终得到了学生的一致爱戴。对于这样的教授,才配得上“人类灵魂工程师”的真正称号,让人对其心生敬佩。我们不管做什么事情,都应该专注。专注,能够使孱弱的人变得强大,能够使犹豫的人变得坚定,能够使天资平平的人获得独特的天赋。假如爱迪生缺乏专注,人类世界就要延迟很长时间才能看到光明;假如盖茨不专注于软件研发,世界就不会那么早地迎来计算机时代。总而言之,每个人不管做大事还是小事,都应该努力而又专注,这样才能最大限度地改变命运。

心理小贴士：

生活中有很多的聪明人，他们才华横溢，脑筋灵活，甚至充满大智慧。然而，他们却始终陷入平庸的人生，无法得到梦寐以求的成功。归根结底，是因为他们在具备多重能力的基础上，独独缺少了专注。当一个人无法集中精力长久地关注和从事一件事情，即使他的智商和情商再高，成功也不会青睐于他。

让生命充满“侥幸”，与幸运常伴

人生中，既有幸运，也有侥幸。虽然幸运与侥幸仅仅一字之差，但是含义却有很大的不同。幸运，是命运对人的青睐，是人们努力付出得到的回馈，是一种善的回报。侥幸则不同，在通常情况下，当我们说一个人侥幸时，对方一定没有付出应该的努力，而只是以偷懒的状态意外得到了报偿。为此，人们每当说起侥幸，总是喊着些许不屑，似乎侥幸是偷盗来的幸运，根本不值得我们对其顶礼膜拜，也不值得我们表示羡慕。那么，一个人能靠着侥幸取得成功吗？答案当然是肯定的。既然侥幸带着投机取巧的意味，我们不如从现在开始加倍努力，让侥幸变成真正的幸运，常常陪伴在我们的身边吧！

举个最简单的例子，大家都曾看过《守株待兔》的故事。在刚开始时，农夫在田间地头干活时，幸运地捡到了那只一头撞在树桩上的野兔，这是幸运。后来，他守株待兔，梦想着能再次捡到肥硕的野兔，终日守候却毫无所获，这就是侥幸心理在作怪，使他产生了投机取巧的态度。这样的听天由命，自己不作出任何努力，就想不劳而获，是不可能得到真正的幸运的。

老丁是一名经验丰富的司机，已经在这家物流公司工作20几年了。和很多刚刚开始摸方向盘的新手相比，老丁开车的时间比他们都长。为此，这些后生晚辈们平时闲来无事，最喜欢与老丁拉家常，从老丁身上汲取宝贵的

经验。

有一次,只有20岁的李涵问老丁:“丁叔,在高速路上开车情况瞬息万变,经常突发意外,你是如何做才能保证20多年来都无事故的呢!”老丁笑着说:“常在河边走,哪有不湿鞋的。我呀,技术平平,只是万分小心而已。很多司机开车抱着侥幸心理,总觉得只要一次不出事,就能次次不出事,因而总是挑战规则,按照他们的心思去做事情。殊不知,侥幸不会长远,一次不出事,不代表次次不出事。记得我有个老同事,那可真是个老司机啊。原本,他可以生活得很好,就是因为在最后一趟出车的过程中,一时高兴,喝了半瓶酒。结果,不但他的下半生被毁了,一个家庭也因为他的疏忽失去了丈夫,一个孩子也因为他的疏忽失去了父亲,让人不胜唏嘘。”听了老丁的话,李涵感慨地说:“是啊,丁叔,方向盘是人命关天的大事。您放心,我也一定向您学习,次次小心谨慎,正确把每一次的侥幸都变成真正的幸运,变成必然的回报。”老丁笑了,说:“其实我也并非没有涉险过。记得当年有批货需要运到东北。我一个人接连开了七八个小时,这已经违规了,按照规定是不许连续疲劳驾驶4个小时的。开着开着,我就犯困了,居然不小心睡着了,一睁眼,发现车子正往马路牙子上撞过去。我一个机灵,赶紧调转方向盘,这次避免了车毁人亡的惨剧。我当时就停到应急道上休息了15分钟,然后把车开到距离最近的一个服务区,开房睡觉。工作再紧张,也不能拿命开玩笑。正是这次教训,才让我始终警钟长鸣,以严格遵守交通规则的原则,创造了一次又一次地平安驾驶的记录。”李涵不停地点头,似乎明白了老丁说的话。

对于司机而言,侥幸一次是莫大的幸运,如果依然把安全寄托在侥幸上,则终究会酿成大错。任何情况下,我们都必须保持警醒,也不能因为一时的侥幸而放松警惕。人生何尝不像开车上高速呢,很多事情发展变化很快,一旦开始就再也没有回头路。在这种情况下,我们必须时刻保持警惕,时刻做好应急准备,才能以不变应万变,最终把一次次的侥幸变成真正脚踏实地的幸运,从而为自己的命运添砖加瓦。

生活中,人人都有侥幸心理。看看那些频繁的交通事故吧,几乎没有哪个不是与侥幸心理无关的。在这里,我们一定要摆正心态,千万不要心存侥幸。我们唯有时刻保持警惕和清醒，才能把侥幸转化为常常伴随我们的幸运，也才能让我们的人生春暖花开，否极泰来。

心理小贴士：

侥幸不断累积，最终会变成大不幸。人生路漫漫，我们唯有正确对待幸运，不再心存侥幸，才能时刻保持警惕，不要以小博大，更不要以四两拨千斤。有些错误一旦发生就追悔莫及，不是你一句懊悔就能挽回局面的。因而，我们应该拒绝侥幸，换言之，我们应该以小心谨慎的态度面对生活，才能把“侥幸”转化为真正的幸运。

深知未必会变好，你方得从容

人生中有很多谎言，诸如心想事成、万事如意、一切都会好的。一切都会好的，曾经安慰了无数人，但是这真的是一句谎言。因为如果你不努力，只是坐在那里安静地等待，一切虽然终究会过去，却不会变好。世界上从未有天上掉馅饼的好事，任何人想要得到美好的结局，都需要付出坚持不懈、持之以恒的努力。即使遭遇很多坎坷和挫折，也绝不放弃，即便如此，一切也不会真的会变好的。很多时候，付出未必有回报。然而，真正的勇者，即使知道一切未必会变好，也因为放弃就意味着绝望，所以总是坚持到最后一刻。这样的精神，才是真正值得人们钦佩和学习的。

当你深知一切未必会变好，却依然努力，坚持不懈，你才能从容面对人生的坎坷际遇。否则，当你怀着深切的期望不停地努力，到最后却发现一切并没有如愿以偿地好转时，你一定会感到万分失望，深深坠入绝望的深渊。这种捧高了再摔下来的方式，让人感到更大的落差和痛苦。因而，不管什么时候我们心中都要做好最坏的打算，想明白如果努力之后一切还未变好，我们究竟应该以怎样的态度继续面对生活。这时的坦然，才是真正发自内心深处的淡定和从容，也能够帮助我们拥有一颗强大的内心。

很久以前，有个国王率部与外国的军队交战，接连打败仗，眼看着就要

撑不下去了。一天晚上,他做了一个奇怪的梦。在梦里,一位智者告诉他:一切都会过去的,不管你是否努力坚持。有的时候,即使坚持了也未必会有好结果,但是如果你放弃,必然遭受失败。听完智者的话,国王从梦中醒来,再也没有入睡。他认真地思考智者的话,最终决定背水一战,哪怕战死沙场,也决不能缴械投降。就这样,国王一马当先,带领所有士兵奋不顾身地与敌人厮杀。让大家都感到难以置信的是,最终国王居然率领仅剩的兵力战胜了对方的千军万马。后来,国王把智者的话作为箴言牢记于心,不管什么事情,他总是坚持不懈,不到最后一刻绝不放弃。虽然国王的坚持很多时候都得到了回报,但是国王深知付出未必有回报,一切未必会变好的道理,每次都做好最坏的打算,再向死而生。正是这样的谨慎和乐观,让国王把国家治理得越来越好。

每个人,从呱呱坠地起,就开始了向死而生的人生旅程。的确,没有人能够保证一切都会变好,虽然一切都会过去,但是结果有的时候并不因为我们的努力而改变。倘若我们坚持认为一切都会变好,那么就会无法接受既定的事实。与其这样,我们不如做好最坏的打算,从而帮助自己更加从容地面对即将发生的一切。

在这个世界上,没有任何东西或者任何人会使永恒存在的。万物恒动,不管我们是否愿意,一切都在发展变化中不断向前。我们唯有以正确的态度面对这一切,才能保持积极乐观的心态。只要努力了,坚持了,不管结果如何,对于我们而言都是最好的结果。身处顺境,不骄傲,不自满,继续努力,坚持不懈;身处困境时,不放弃,不畏缩,勇往直前。这就是每个人都应该坚持的人生态度。

心理小贴士:

虽然抱着必胜的信念去努力,我们却有可能因为各种各样的原因迎来失败的结局。当你能够坦然接受这份失败,你就是真从容。归根结底,万事万物都是客观存在的,包括事情的发展,也有其自身的规律。在这种情况下,我们唯有修炼自己的内心,让自己变得淡定从容,才能镇定自若地应对命运馈赠的一切。

与其胆战心惊等待，不如破釜沉舟行动

很多时候，人们之所以感到恐惧和焦虑，就是因为对未来毫无把握。尤其是在等待的过程中，因为未知，人们更是心急如焚，无法自制。在这种情况下，如果一味地选择等待，无疑是一种巨大的折磨，我们甚至无从知道自己怎样才能结束这种焦虑的状态。其实，这时如果安慰自己是丝毫不起作用的，只能是自欺欺人。那么，最好的办法就是马上行动，破釜沉舟，背水一战，也比胆战心惊地继续等待来得更好。

这就像是我们生活中遇到为难的事情，处于进退两难的境地。是选择果断放弃，还是选择冒昧往前，不论最终做出哪种选择，最艰难的时刻肯定是在选择之前的犹豫纠结阶段。任何事情都总是有利有弊，在这种情况下，我们与其盲目猜测和等待，不如果断行动，从而尽早结束对自己的折磨，来个快刀斩乱麻。一旦事情的局势明朗化，我们也能马上做出应急反应，从而使一切都得到落实。

秦朝末年，因为不满秦王的苛捐杂税和残暴统治，全国各地的老百姓们忍无可忍，纷纷揭竿起义。在诸多的农民起义领袖中，陈胜、吴广是最先反抗暴秦统治的，项羽和刘邦次之。关于项羽，有个历史典故流传至今，那就是破釜沉舟战胜强秦的典故。从这个事例上，我们不难看出鼓起勇气做出决定，并且马上展开行动的重要性。任何时候，我们只要采取果决的态度面对一切，事情才会变得简单，局势才会更加明朗化。

有一年，秦国派出大军把赵国团团围困起来。无奈之下，赵王只好派出使者连夜奔赴楚国，向楚怀王求救。楚怀王当即任命宋义为上将军，让项羽作为次将，辅佐宋义，并且给他们调动20万兵马，火速营救赵国。不想，宋义是个贪生怕死之辈，听说秦国围困赵国的军队足足有30万，他走到半途就驻扎下来，再也不敢前进一步。这时，军中缺少粮食，将士们不得不吃野菜勉强维生。宋义对此视若无睹，只顾着自己有酒有肉，吃得不亦乐乎。项羽见

此情形忿忿不平,他一气之下杀死宋义,任命自己顶替宋义的职位,当即率领大军继续奔赴赵国。当然,项羽并非有勇无谋之辈。他先是派出部队切断秦军的通路,然后又带领大队渡过漳河,以解赵国之围。在大军全部渡过漳河之后,为了鼓舞士气,项羽先让火头军做了一顿好吃的犒劳大军,然后又给每人发了3天的口粮。接下来项羽做所的事情让大家全都瞠目结舌,因为他下令凿穿河里的船,使其沉底,然后又把做饭的锅也全都砸碎。果然,大家看到再无退路,全都一鼓作气,视死如归。后来,大军在项羽的带领下,每个人都以一当十地与秦军搏杀。在经过9次冲锋之后,终于打败了秦军,解了赵国之围。这次战斗,不但解救了赵国,也使得秦军元气大伤。两年之后,奄奄一息的秦国就灭亡了。

和贪生怕死的宋义相比,项羽显然是个勇敢果决的真英雄。他看不惯宋义不顾将士死活的做法,当即杀死宋义,自命上将军,率领全军将士一鼓作气渡过漳河。为了让全体将士都不遗余力地与秦国搏斗,他还破釜沉舟,最终让所有人都死心塌地地浴血沙场。这样的胸襟与气度,这样的决绝与勇气,项羽想不获胜都很难。换言之,他之所以能够取胜,也正是因为采取了这样的策略和方法,激励了全体将士的勇气和胆识。

不管面对什么事情,悬而未决的时刻都是最难熬的。为了让事情的局势更加明朗,我们理应在谨慎思考之后毫不迟疑地采取行动。要知道,即使行动失败了,也比胆战心惊、犹疑不前更好。

心理小贴士:

为人做事,就应该当断则断。千万不要因为前途未知,就始终踟蹰不前,导致错失良机。尤其是在现代社会信息大爆炸的条件下,很多事情都是瞬息万变的,我们必须及时作出决定,才能抓住千载难逢的好机会。记住,与其胆战心惊地等待,不如破釜沉舟地行动,一切的转机都在你的果决和勇敢之中。

记住点滴成功，才能激励自己

每个人都渴望获得成功，这是因为他们希望实现自身的价值，得到他人的认可。这样的渴望原本无可厚非，但是有些人因为过于追求成功，因为对成功过分的渴望，居然处处否定自己，甚至瞧不起自己，这样就未免舍本逐末了。任何时候，我们都要自信，都要坚定不移地相信自己能够获得成功，也不能谦虚过头，明明是自己的进步和成就，却因为其小，就丝毫不放在心上。现代社会，大多数人都懂得要鼓励孩子，激励孩子，多多表扬孩子，甚至对于同事朋友，也都采取表扬和鼓励为主，批评为辅的方式。唯独对自己，太过苛刻，即便有了小小的成就，也丝毫不放在心上，最终让自己灰心丧气，甚至失去对未来生活的渴望和信念。实际上，我们自身也是需要激励的。我们唯有记住自己一点一滴的成功，该表扬的时候就慷慨表扬自己，这样才能让自己也如同孩子般心情欢愉，甚至欢欣雀跃。这是对于生命的态度，也是我们对自己的态度。

对于成功，每个人都有不同的定义。有些人觉得成功一定要是功成名就，有些人觉得成功就是偶尔得到一次认可，还有人觉得能给孩子做出一顿美餐就是成功，也有人觉得减肥有效就是成功……总而言之，成功并非都是辉煌灿烂的。因而我们在追求成功的路上，总会有坎坷，有挫折，但是也不要忘记看到的那些美好和希望。有些人把自己成功的目标定得太高，终其一生都无法让自己感到满意。其实，这就像跑马拉松，如果把目标定在遥远的远方，很可能不到半途就会心力憔悴，失去希望。曾经有一名日本选手在两次马拉松比赛中都获得冠军，原来，他成功的秘诀就是把漫长的跑道以熟悉的坐标分成若干个小的目标，从而一个又一个地到达小目标，让自己获得成功的小小喜悦，继续带着梦想和希望往前奔跑。这些成功的小小喜悦，让我们不断受到激励，也持续努力和奋斗，从而才有可能获得最终的成功。否则，如果在成功的漫长过程中等待着我们的总是那些小失败和小挫折，甚至

是否定,我们又如何会有勇气不停地往前冲呢!

1984 年,国家马拉松邀请赛如期在日本东京举行。在这场比赛中,日本本土的选手山田本一让大家全都大吃一惊,因为名不见经传的他轻轻松松地就夺得了冠军。这可是世界级的马拉松比赛啊,山田本一是如何战胜很多经验丰富的马拉松选手,脱颖而出的呢?记者们闻讯而来,争先恐后地采访山田本一。面对众多记者追问他是如何取胜的,山田本一只是淡淡地说:"凭借智慧取胜。"这句话看起来未免有故弄玄虚的嫌疑,尤其是在山田本一让人惊讶的优秀成绩面前。大家都知道,马拉松必须要求有超强的体力,还要有足够的耐力,和智慧有什么关系呢!这个理由的确有些牵强。

时隔两年,国际马拉松邀请赛在意大利的米兰举行。作为日本的代表,山田本一再次出现在马拉松的赛场上。这次,他居然又获得了冠军。虽然他两年前的答案故弄玄虚,但是记者依然不依不饶地问他:"请问,您是如何获得世界冠军的?"山田本一依然不动声色,说:"凭借智慧取胜。"虽然记者们对这个回答依然疑惑不解,但是还是无从得知真正的答案。直到十年之后,山田本一取得世界冠军的谜团才被解开。在自传中,木讷寡言的山田本一详细叙述:每次比赛前,我都会提前到达赛场,认真熟悉和了解赛道,并且用心记下沿途鲜艳的标志。例如,银行、大树、公园、欧式建筑……这样一一记下来之后,漫长的马拉松赛道就被我划分为很多短程赛道。等到发令枪一响,我就开始以败笔冲刺的速度冲向第一个目标,然后再以同样的速度冲向第二个目标……以此类推,虽然整个赛程足足有四十多公里,但是我却轻松地把它划分为若干个小目标。我惊喜地发现,和我把目标定在遥远的终点相比,我不再半途就无法忍受疲劳,而是始终保持旺盛的精力和淡淡的喜悦。就这样,我愉快地快速跑完了全程。

从山田本一跑马拉松的经历我们不难看出,每个人都是需要鼓励的。当我们把目标定得过于遥远,我们就会因为目标遥遥无期而感到疲惫,甚至根本无法坚持到终点。我们只有记住自己点点滴滴的成功,将其作为对我们的莫大鼓励,才能以更好的状态奔赴终点。很多心理学家都曾经证实:人们之所以能够不畏艰险,排除万难,就是他们把自己的行动与各个阶段的分段目标相联系,从而更好地激励自己,使自己始终斗志昂扬,一往无前。

没有任何人的人生能够一蹴而就取得成功，人生的进步就像是台阶，必须一步一步地往上爬，才能循序渐进地获得成功。每一次小小成功的喜悦，都将激励着我们朝着更大的目标奋进。唯有如此，人生才会永远充满动力，才能继续坚持不懈。

心理小贴士：

每个人都需要激励，我们自己也是如此。所谓宽以待人，严于律己，并不应该体现在激励自己这一方面。在激励自己时，我们也应该慷慨大方，这样才能让自己斗志昂扬，永不放弃。

两情若是长久时，就在朝朝暮暮

“纤云弄巧，飞星传恨，银汉迢迢暗度。金风玉露一相逢，便胜却人间无数。柔情似水，佳期如梦，忍顾鹊桥归路。两情若是长久时，又岂在朝朝暮暮”。秦观的这首《鹊桥仙》，千百年来让无数人沉醉其中。这样的感情，无数人为之神往，却求知而不得。在古代社会，人们交通不便，即使很近的距离，也需要长久地两地分居。现代社会，这个难题显然已经不复存在。首先，交通的发达让人们几乎随心所欲，想去哪儿就可以去哪儿。而且，现代社会的人们找工作更加方便，只要有能力，到哪里都可以生活，再也不像千百年前一样必须被束缚在土地上。因而，现代社会，我们要说：“两情若是长久时，就在朝朝暮暮。”

随着时代的发展，物欲充斥着社会，因此诱惑越来越多。由于近年来西方思潮的涌入，也使人们在感情问题上不再像以前那么保守。这样的开放固然是好的，但是同时也起到了负面作用，使人们对于感情不再那么认真与慎重。也正因为如此，我们更要朝朝暮暮长相守。

大学毕业后，原本校园里的金童玉女林楠和杨幂，不得不天各一方。杨幂遵从父母的旨意，回到了在上海的家里，在父母的安排下进入一家国企工作，从此开始过着衣食无忧的生活。林楠呢，他是一个有理想有抱负的青

年，因而怀着一腔热血独自留在了大北京，正式成为北漂一族。毫无疑问，刚刚从校园走出来的他，对于现实和梦想，还是感受到了深刻的落差。不过，这一切都无法让林楠屈服，他时刻牢记着自己对杨幂的许诺："等着我把条件都创造好，就去接你回来。"

从此，这对恋人一个在南方一个在北方，一个享受安逸一个奋力拼搏。刚开始时，他们几乎每两周都要见面，因为杨幂工作清闲，所以就由杨幂坐高铁经过五个小时的旅途到北京。后来，随着时间的流逝，他们见面的次数越来越少，从半个月到一个月，到两个月，最终，他们居然已经半年多没见面了，电话也越来越少。原来，杨幂的身边出现了新的追求者。原本杨幂还是坚决拒绝的，然而，她正值好年华，怎么能够独自守候呢！最终，她耐不住寂寞，开始答应对方的邀请一起看电影、吃美食，渐渐地生出情愫，变成了真正的恋人。此时此刻，林楠依然在打拼，只是他知道自己再也接不来杨幂。

距离，对于热恋中的情侣而言，刚开始时也许只是空间上的，但是随着时间的流逝，这种空间上的距离就会变成心理上的，感情上的，最终使原本的浓情爱意失去本真的面貌，变得虚无缥缈。所以，任何时候都不要用距离来考验爱情，否则你一定会大失所望。也不要总是说"两情若是久长时，又岂在朝朝暮暮"，而要坚信相爱的人就一定要在一起，这样才能爱情恒久远。时间和空间，是最无情的刻度，能够把原本灼热的爱情冷却成刺骨的寒冰。我们唯有更好地面对和呵护爱情，才能让爱情地久天长。

心理小贴士：

两情若是久长时，就在朝朝暮暮。对于爱情，永远不要心怀幻想。在距离和时间面前，再深刻的感情也会黯然失色。所以，如果你珍惜一段感情，就要勇敢地追随自己的爱，千万不要轻易离开。现代社会，有很多女性或者男性朋友们，为了测试爱人的忠诚度，或者经受离别之苦，更有甚者采取更加直接极端的方式——找一个颇具吸引力的异性引诱对方。对于这样的人和这样的做法，我们只有一句话可以送给他："不作死，就不会死。"人性是有弱点的，这一点永远无法改变，既然如此，我们只能尊重弱点，而不要挑衅弱点，否则就是自寻死路，自找难看。

第十四章

预之则立：凡事提前筹划，从根本上杜绝焦虑

焦虑是一堵墙，把我们与快乐隔开，让我们陷入惶惑不安之中。一旦人生被焦虑纠缠，就会少几分淡定从容，多几分焦灼不安，自然我们也就难以全心投入地尽情享受人生。为了从根本上杜绝焦虑，我们不管是对待生活还是对待工作，都应该未雨绸缪，提前筹划，正如古人所说，凡事预之则立，这样才能更加坦然自如。

工作分清轻重缓急，自然运筹帷幄

在压力越来越大，一切以拼字当头的现代职场上，任何人都必须鼓起所有的精神来应对接踵而至和要求越来越严苛的工作。即便如此，也依然难免在工作上出现失误，甚至因此遭到上司的批评。在有限的精力下，我们应该怎样做才能把工作做到极尽完美呢？或者，即使不够完美，只要能够符合上司的要求也是很好的。毋庸置疑，人的精力是有限的，人的时间也是非常宝贵的。这就要求我们要把有限的精力和时间进行合理规划和划分，从而保证提高效率，以最短的时间和最高的效率，完成工作。这么做的前提是，我们必须先给工作分清楚轻重缓急。毫无疑问，不可能你所需要处理的所有工作都同等重要，它们的急迫度也是不同的。

在职场上，我们常常看到很多人整日忙碌，但是他们的工作却并没有十分出色。恰恰相反，有些人虽然看起来没有那么忙碌，甚至还算得上清闲，但是他们总是把工作做得非常好，堪称完美。这些人是如何做到的呢？究其原因，就是因为他们能够未雨绸缪，把工作规划得合理而又完美。尤其是对于职场新人而言，一定要养成良好的工作习惯，这样才不至于忙得像个陀螺整日转个不停，最终却毫无收获和成就。

作为职场新人，浩沙忙得像个陀螺，似乎整个办公室里就属他最忙。其实，浩沙并非真的有那么多工作需要做，只是他为了与同事们搞好关系，总是四处帮忙，每当有同事临时有事把工作甩给他时，他也来之不拒。最终，他非但没有完成自己的工作，反而把其他同事委托给他的工作也搞砸了。如此一来，浩沙简直头都大了。试用期刚刚过半，浩沙就接连被上司批评，委屈不已。

有一次，上司又批评浩沙没有完成工作，浩沙终于忍不住说："我的工作实在是太多了，我又无分身乏术。"上司让浩沙拿出一张纸，列举他今天都做了哪些工作。浩沙一一列出来，上司指着那些工作毫不留情地说："这项工作不是你的，做好了无功，做错了有过……这件工作并不着急，你完全不用

这么火急火燎地赶出来，真正需要你马上完成的是这份你没有提上日程的工作……”就这样，上司不停地批评指正浩沙，最后说：“在职场上，一个萝卜一个坑，每个人都有自己的职责所在。记住，你不是救世主，也不是全能手，不可能帮助所有的同事分担责任。但你因为帮助其他同事而导致自己的工作无法完成时，一个理智的上司不会觉得你是值得同情和赞许的，只会觉得你是个分不清主次轻重的人，也会对你的能力产生怀疑。即便是你的分内工作，也是有重要和非重要、急迫和非急迫之分的。所以，你的错误根本在于你自己，和他人无关。”上司的话让浩沙陷入沉思，他觉得上司说的是对的，因而心服口服。经过一段时间的调整之后，浩沙每天下午都会提前把第二天的工作列个表，按照轻重缓急的次序排列，从而最高效率地完成工作。与此同时，他也学会了拒绝其他同事无休止的请求，因为全心全意地投入工作，他在工作上的表现得也越来越好了。

当工作如同小山般堆积在你的面前，你还能笑得出来吗？你还能感到轻松自如吗？任何情况下，我们都要学会捋清思路。如果你的思路是因为工作的混乱引起的，那么不妨给不同的工作任务排排序，相信当你把工作任务分好次序，你也会变得更加头脑清醒，条分缕析。否则，因为工作积压而引起的焦虑，一定会让你头昏脑涨，甚至为此感到焦虑不安。

如果不愿意把宝贵的时间用来做一张精确的工作排序表，那么你可以在心里对工作任务进行简单的分类。每个人的时间和精力都是有限的，也不可能把自己一分为二，一心二用。因而，我们必须对工作进行合理排序，甚至需要有所取舍，才能最大限度地提高自己的工作效率。首先，那些又重要又紧急的事情，我们必须第一时间处理。其次，那些重要而不紧急的事情，我们也应该将其排位第二。再次，那些紧急但不重要的事情，通常这些事情在工作的过程中经常出现，如临时需要接打电话、签署文件等，这些需要我们尽量压缩时间处理完成。最后，也就是那些既不重要也不紧急的事情，我们应该等到有空闲时间的时候再去处理，甚至如果时间始终用在更需要的地方，也可以选择置之不理。只要分清事情的主次顺序，我们就能更加有针对性地完成工作。这么做，不但帮助你摆脱劳碌，也能提高你的工作效率，使你在有限的时间里高效地完成工作，获得上司的认可和赞许，可谓一举两得。

心理小贴士：

时间管理，对于任何人而言，都是提高效率的必经之路。当你因为被时间追赶而变得焦虑不安，且要面对混乱的生活和堆积如山的工作时，那无论如何也不是一种美好的感受。从现在开始，我们就应该竭力管理好时间，这样才能在对的时间做对的事情，在规定的时间做完规定的事情，在忙碌之余还有闲暇放松和休憩烦劳的脑力，从而使你更高效地投入未来的生活与工作。

你是领导不是仆人，要学会调兵遣将

在职场上，有很多上司把领导工作做得风生水起，也有很多上司对于领导工作始终找不到规律和窍门，因而凡事都亲力亲为，导致自己非常累不说，下属也因为他的事必躬亲而精神紧张，丝毫没有空间可以发挥。对于这种不管大事小情通通包揽的上司，下属们并不会特别欢迎，因为上司总是游走在他们身边，也使得他们绷紧神经，甚至被剥夺了一部分原本应该属于他们的权利。如此一来，下属成长就会很慢。众所周知，要想快速成长，必须有人指点，也要有锻炼的机会。倘若上司把一切事情都包圆了，只把下属当成是他们的手，不把下属当作一个独立的人，下属又如何能够抓住机会尽快成熟和成长起来呢！

从上司的角度来说，如果凡事事必躬亲，则他们就会陷入无休无止的小事，根本无法从基础工作脱身，从而没有机会提升自己。从个人发展的角度来说，如果上司始终盯着小事不放，不能站在全局进行把握，就不能做到眼界开阔，运筹帷幄。因此，作为上司一定要始终牢记自己承担着领导者的角色，要学会调兵遣将，而不是一味地埋头苦干。作为一个部门甚至是一个公司的领导人，上司只有从全局出发调动每一位下属的积极性和主动性，才能发挥团队的力量，否则凡事都亲力亲为，只会让自己纠缠于琐事，也会限制

下属的发展和发挥，可谓得不偿失。

作为欧洲著名的大富豪之一，亨利显然深谙管理之道。随着公司的规模越来越大，他充分把权利放给下属，而从不事必躬亲。事到如今，亨利依然是为公司的方向性主导人物，关于公司发展的所有细节问题，几乎都是他手下的精兵强将决定的。

对于亨利，公司的高层管理者都心服口服。和大多数老板不同，亨利只要确定方向，就很少插手和干涉下属的进一步工作。例如，亨利会说："接下来，我们要进军中国市场，由玛丽负责。"只此一句话，接下来就全都是玛丽运筹帷幄了。也因为如此，亨利手下的每一个高管都是能力超强的，可以说，他们和自己开公司几乎没什么区别，不但要决策大的决议，还要负责细节的完善。也正以为如此，他们越来越喜欢这样的工作方式，因为亨利几乎给了他们完全的自由和决策权。和很多公司的老板总是寝食不安相比，亨利很少去公司，几乎每天都在度假休闲。他曾经自豪地说："即使我离开公司一年，公司也会良性运转，几乎不会受到任何影响。"就这样，亨利把大多数时间都用于慈善事业，与夫人一起奔波在世界各地，为那些需要帮助的人奔走呼号。亨利的人生，不但轻松愉悦，而且非常充实有意义。

从亨利的经历我们不难看出，强将手下无弱兵。虽然亨利看似轻松愉悦，实际上对于下属的放权，远远比凡事事必躬亲需要更加高明的领导力和号召力。作为公司发展方向的掌舵人，亨利真的只是负责大方向的抉择，因为他给予下属充分的信任和发挥能力的空间，让他的下属们全都成熟，果然能够独自处理很多公司里与他们权力相关的大事情。

对于凡事亲历亲为的工作模式，只适合那些小作坊式的企业。一旦公司发展壮大，老板就分身乏术。在这种情况下，聪明的老板会尽量与下属分享利益，分担风险，从而使每一名员工都成为公司真正意义上的老板。如此一来，他就能够实行无为而治。

心理小贴士：

当我们的职位随着打拼变得越来越高，我们不再是那个最基层的凡事都需要做的小职员，因而我们也应该及时调整思路，学会如何当领导。需要注意的是，我们唯有给予下属足够的信任，才能给予他们广阔的空间发展和提升自己，也才能为我们未来彻底解放而奠定坚实的基础。任何时候，一个人调动整个团队为自己做事，都比自己单打独斗效果好得多。

统筹安排时间，让你条理清晰更从容

对于任何人而言，时间都是最宝贵的财富，因为每个人的生命都是有限的。一个人，即使理想再怎么远大，如果没有时间去真正实践，也会变成空想。因而，我们要想让人生变得充实而有意义，就必须努力提高效率，用有限的时间完成更多重要的事情，从而才能离成功更近一步。在生活中，总有些人对时间抱着漫不经心的态度，这样的人很难获得成功。举个最简单的例子，对于一个与时间赛跑的人而言，一天也许是 28 个小时，但是对于这样磨磨蹭蹭浪费时间的人而言，时间也许只有 20 个小时。试想，他在一天的时间里就比成功的人落后了 8 个小时，又如何能够真正获得成功呢！只怕在他的磨蹭之中，成功会渐行渐远，直至看不到任何踪迹。

尤其是现代职场，无数职场人士每天行色匆匆，忙忙碌碌，时间真正变成了转瞬即逝的生命，变成了切实可见的成就，因而职场人士更要珍惜时间。从某个角度来说，抓住了时间就等于抓住了成功的无限机遇，抓住了时间就等于抓住了短暂的人生。如果不能合理有效地利用时间，一个人即使能力再强，也无法最终脱颖而出，得到成功的青睐。早在初中时期，我们就曾经学过关于统筹的科学方法。其实，在我们的一生之中，不管是生活还是工作，都可以使用统筹的方法。当我们学会了节省时间，我们也就相当于提高了时间的效率，延长了我们有限的生命。

作为一家正在发展中公司的老板，嘉熙每天下午都能做到准时下班，像一个朝九晚五的上班族一样，利用工作以外的时间陪伴老婆和孩子。很多人都不清楚嘉熙是如何做到这一点的，因为大多数和嘉熙一样的创业者，几乎每天都有忙不完的事情，也都有对付不完的应酬。对此，嘉熙说："一个人

不能成为时间的主人，就会变成时间的奴隶，被时间驱使。至于应酬，完全可以安排在下午茶或者午餐时段，不必要占用宝贵的家庭时间。”

当然，作为创业者到底是忙碌的，因而嘉熙选择每天清晨早起两个小时，用来弥补工作时间的不足。他每天清晨六点钟都会准时到达办公室，在其他同事还没来的两个小时里，看看报纸，整理思路，分清一天工作内容的主次，从而进行统筹。如他当天需要开会，那么他会在上班刚刚开始时安排秘书琳达为他准备会议资料，然后他就可以忙碌当务之急的事情。中午吃饭，他也会安排与客户见面，一起用餐。这样，很多大事就在餐桌上与客户敲定了。有的时候没有客户需要见面，他还会邀请某位下属与他一起用餐，聊聊工作或者生活，顺便给下属做做思想工作，激励下属再接再厉。就这样，他几乎整个白天都在工作，不管是吃饭喝茶还是喝咖啡，从未闲着片刻。等到下午 6 点钟下班时，他和每一位辛苦工作一天的下属一样，都有一种如释重负的感觉：终于可以全心全意地放松和回家了。让人奇怪的是，嘉熙这样的安排非但没有影响工作，反而使他整个人都神清气爽，把工作安排得井井有条，效率也提高了很多。

在这个事例中，嘉熙之所以与大多数创业者的忙碌完全不同，就是因为他很清楚时间的利用之道理。他知道要想家庭与事业兼顾，就必须提早起床工作，也知道不能为了忙于事业而忽略家庭，因而总是在下班时间准时下班，回家陪伴妻子和孩子。由此一来，他成了真正的人生赢家，得到了别人梦寐以求的一切。

对于任何人而言，浪费时间就是浪费生命。因而，不管我们是创业者，还是最基层的小职员，也或者是公司的中高层管理人员，都必须树立正确的时间观念，学会统筹和合理地利用时间。唯有如此，我们才能提高时间的利用率，在与时间的赛跑中赢得先机，更快地接近成功。在很多情况下，只有当我们未雨绸缪，提前规划，才不会被时间驱赶着往前奔跑。想一想，当你淡定从容地走在时间的前面，那是怎样一种美妙的体验啊！

心理小贴士：

时间对于任何人都是公平的，不管我们以怎样的姿态生活，它都滴滴答答永不停歇地往前走去。要想提高时间利用率，我们必须不要繁琐地提前做好预案。唯有如此，我们才能理所当然地成为时间的领跑者，而不是手忙脚乱地追逐时间的脚步。从现在开始，让我们珍惜时间吧。生命有限，珍惜生命才能让我们更从容地享受生命！

思路清晰效率高，轻松自如享受工作

生活中有很多马大哈，他们看起来粗心大意，总是在不知道的时候就犯一些让人啼笑皆非的错误，搞得大家欢乐开怀。然而，当这份粗心被带到工作中，带给大家的就未必是惊喜，而有可能是惊吓了。因而，我们在工作中必须保持清醒的头脑，从而使思路更加准确明晰。尤其是当工作中出现意外情况时，我们就更要理智应对。对于很多人而言，工作是一种折磨，因为总是状况百出，让人应接不暇。对于有些人而言，工作却是莫大的享受，他们在工作中体现自身的价值，享受工作的乐趣，从而享受工作，感受愉悦。

每个人都是思想者，正如笛卡尔所说，我思故我在。如果有一天我们的大脑停止转动，那么我们的生命也将会随之戛然而止。即使是在睡梦中，我们的大脑依然保持思索的能力。可以说，每个人的成功都与其思想密切相关。因而，每一位职场人士要想获得成功，要想从工作中得到乐趣，就必须带着头脑去工作，这样才能事半功倍。

毋庸置疑，在很多情况下工作因其紧张性和急迫性，带给我们很多焦虑和痛苦。然而，抵触工作并不能使我们得到快乐。正确的做法是，我们要把工作作为人生的乐趣对待，让工作变得妙趣横生。

莎士比亚在还没有成为戏剧大师时，只是个普通的男青年。但是他很喜欢演戏，因而总是去剧院看戏，并且自学了很多关于戏剧的知识。有一次，剧院老板因为一个演员没有到场，一时之间找不到替补的演员，便让莎士比亚临时顶替。原本，剧院老板以为莎士比亚只能装装样子，却没想到莎士比亚在短短的时间里就把台词背得滚瓜烂熟，而且演出过程中非常投入，感情充沛。就这样，莎士比亚真的成了戏班子的一员，得到了很多上台演出

的机会。一段时间之后，莎士比亚突发奇想：我为什么不能写出属于自己的剧本呢？他不但想到了，而且具有非常强的行动能力，当即就开始拿出纸和笔，开始写剧本。当他的剧本被搬上舞台，而且得到了观众们的一致好评时，莎士比亚感受到了成功的喜悦。从此，他一发而不可收拾，更加努力地创作剧本，最终成为享誉世界的戏剧作家。

对于工作，艳丽最近难免有焦头烂额之感。原来，作为文秘，她每天都要负责打印很多文件出来。这是一份枯燥的工作，有的时候她经常需要整天对着电脑闷头整理文件，甚至连与同事们闲聊的时间都没有。为此，她越来越郁闷，恨不得辞职了事。然而，一想到辞职之后又要经历痛苦的找工作的过程，她又胆怯了。

一个偶然的机会，她开始在整理文件的过程中测算自己的输入速度。等到第二天的时候，她又会努力正确突破前一天的极限，超越前一天的速度。因此，她渐渐感受到了工作的乐趣，居然自己与自己开展竞赛，消除了工作的枯燥。半年之后，艳丽俨然成为公司里输入速度最快的人。有段时间，老板出差时还特意带上艳丽，让艳丽负责记录会议内容。渐渐地艳丽不再满足于现在的录入速度，因而开始学习五笔输入法。随着输入速度得到突飞猛进的提高，艳丽在公司里的名气也越来越大。后来，老总点名让艳丽当他的秘书，并且经常带着艳丽一起四处开会，让艳丽当他的速记员。

莎士比亚对于戏剧的喜爱，也因为无意间得到机会出演戏剧，最终，他对创作也产生了浓厚的兴趣，成了世界上伟大的戏剧作家。在第二个事例中，艳丽原本的工作是非常枯燥乏味的，但是她一直在坚持，而且主动寻找工作的乐趣，最终不断提升输入文件的速度，成功获得升职，得到了上司和老总的一直认可。这就是我们对于工作的态度。当你把工作当成是一种负担，坚持也仅是为了维生，那么你很难从中得到乐趣。当你用心地投入工作，你就不会再为了工作而焦虑，因而也能够发现工作的乐趣，最终在工作上作出成绩，成就自己。

心理小贴士：

凡事都怕用心，工作也是如此。对待工作，我们只有投入全部的精力，用心动脑，才能看到工作之中隐藏的乐趣，从而让自己在工作上做出成就。

实际上，很多成功人士之所以获得成功，恰恰是因为他们把简单的事情做到极致，并且在其中注入了自己的心力。倘若你总是走马看花般地工作，非但会被工作搅得焦头烂额，还会因此导致自己的人生也变得被动。从现在开始，让我们热爱工作吧。当你把工作当成兴趣，它就会真的让你感受到无穷的乐趣，还会给你带来莫大的成就感。

越乱越烦越烦越乱，跳出恶性循环

在影视剧上，你是否看过这样的镜头：人们因为一些事情感到烦扰，结果越烦越导致焦虑不安，最终错误百出，使心情更加郁郁寡欢……这是个恶性循环的怪圈，很容易让人们陷入其中，无法自拔。理智的人，在焦虑的时候会努力地使自己恢复平静，因为他们知道所谓的歇斯底里或者抓狂，其实是对事情没有任何帮助作用的。

一个人要想真正做好一件事情，首先应该做好万全的准备，既要想到光鲜亮丽的成功，也要想到灰头土脸的失败。让你把最坏的结果想好，也就有了充足的心理准备。这样，即使事情达不到你的预期，你也不会为此焦虑不安，难以接受。归根结底，一个人要想做好一件事情，必须平心静气，保持淡定从容，唯有如此，我们才能集中精力投入其中。前文我们说过，专注是一种强大的力量，而全心全意则是专注的前提。愤怒和抱怨往往使我们心神不宁，也使成功离我们越来越远。当你调整心态，调节心情，感受专心致志地做一件事情的魅力，你就很有可能收获意外的惊喜。总而言之，我们需要专注，不要暴戾和抱怨。当你感到一切都很烦乱时，一定要控制心绪，尽快恢复平静和理智，这样才能从恶性循环的怪圈中跳出来，让自己无限接近成功。

柳岩是一名税务工作人员。每天，她都要在吵杂的税务大厅里工作 8 个小时以上。对于很多人而言，税务大厅吵闹不止、人声鼎沸的环境是难以忍受的，但是十几年来的工作经验已经能够帮助柳岩在这样的环境里保持专

心致志，保持心平气和，保持高效的工作。

一天，税务大厅里有很多等待着的人，格外忙碌。也许是因为等待的时间太长了，有几个人冲到窗口，七嘴八舌地问柳岩一些税务问题。这时，柳岩刚刚处理完前一个客户的问题，因而转向一位神情焦虑的中年女士。虽然在这位女士提问时，旁边的一位男士也在争先恐后、喋喋不休地说着，但是柳岩丝毫不为所动，依然全心全意地帮助女士解答问题。直到女士心中的疑惑消除，柳岩才有转向那位男士，说："对不起，请问您有什么问题吗？"男士不耐烦地说："我刚刚已经说了一遍了，你有没有在听啊！"柳岩面带微笑，说："不好意思，我刚刚在处理那位女士的问题，没有留心您在说什么。现在，请您再复述一遍好吗？"男士忿忿不平地说："明明已经说了一遍，还让我再说一遍，简直口干舌燥啦！"柳岩不温不火，说："不好意思，先生，我一次只能处理一个问题，耽误您宝贵的时间了。"男士听到柳岩这么说，也不好意思继续发火，只好又说了一遍自己的问题，柳岩很快就解答了他的疑问。

在年度评选时，柳岩因为工作效率高，服务态度好，被评选为年度优秀员工。当记者问她是如何做到在吵杂的环境中保持平静的心情和高效率的工作时，她笑着说："我每次只能为一位客户处理问题，这是我无论怎么努力都无法改变的。所以，我只会为一个客户全心全意地服务。当我最终为每一个客户全心服务，就得到了他们所有的满意。"

的确，一个人分身乏术，不可能同时为很多客户服务。柳岩正是因为清楚这一点，所以不管她所在的窗口前多么忙碌，她都始终能够保持平和的心态，专心致志地为眼前这位客户答疑解惑，处理问题。因此，她才能得到每一位客户的认可，成为年度优秀员工。

越是外界客观环境复杂的时候，我们就越是应该保持内心的平静和理智。否则，一旦我们的内心失去把持，与外界的环境融为一体，我们就会随波逐流，也变得心乱如麻，导致一切更加混乱。这样的恶性循环，对于事情的好转没有任何帮助，只会导致事情变得更糟糕。

心理小贴士：

每个人都不能三心二意，不管做什么事情，我们都必须集中精神和意志，才能达到预期的效果。其实，人生很多时候之所以陷入低谷，并非是因为面对的问题太多,而是因为一切的问题都失去秩序,变得太混乱。如果我们不分轻重主次地做事,就会导致本末倒置,效率低下。因而,越是当很多事情挤在一起涌到你的眼前时,你越是应该保持清醒理智的头脑,从而帮助自己更好地捋清思路,分清主次,集中精神攻克难题。

凡事提前规划做好预案,才能自如

人生无法准确计划,因为充满着未知。但是,在人生中的很多事情上,我们都可以提前做好规划,当你明确方向,一切才可能朝着你预想的样子发展。这就像是一艘船在大海上航行,朝着灯塔的方向前进,也许能够到达岸边,也许会有些许偏差。但是不管灯塔的方向在哪里,只是任性地胡作非为,随便朝着哪个方向驶去,则到达岸边的可能性就变得微乎其微。这就是方向和目标的指引作用,非常重要。

也许有人会说,既然规划和计划都是徒劳的,又何必白费力气呢!其实不然。规划,就是我们在人生之中努力的方向,正如灯塔指引海上的船只,能够引领它们不断朝着正确的方向前进,不断修正航行过程中的偏差。而且,人生如果没有规划,未免会显得过于懈怠。如果你曾经读过那些名人传记,你会发现几乎每一个成功的人生都一定是目标明确的,我们很少听到有人能够误打误撞地获得成功。从另一个方面来说,当我们对于即将发生的事情提前规划,做好预案,也能够避免当最坏的结果出现时手足无措。人生中的很多时候,我们即便努力了,也未必能够获得成功。因而,我们必须做好万全的准备,最起码心里要对最坏的结果有所准备,这样才不至于仓促失措,不知道如何应对。

当你看到他人不管面对什么事情都镇定自若的时候,你应该相信他人在此之前一定设想过这样的结果,甚至为此提前想到了解决的办法。如果你也想这么从容地面对人生,你就也应该提前规划,做好预案,这样才能淡定自若,从容不迫。

在今年8月份的汛期中,我国很多地方都出现了洪涝灾害。尤其是其中的某个北方城市,因为没有提前做好预案,导致人员死伤惨重,给人民的生命财产和安全带来了巨大的损失。对此,这个市的领导班子全体鞠躬道歉,尤其是对于那些在突如其来的洪水中失去宝贵生命的孩子和老人们以及他们的家属。对于这次救灾的失误,该领导班子的负责人说主要是因为近年来从未有过这么大的降水量,因而降低了警惕心理,导致人民群众损失惨重。不得不说,这个悲剧一部分是天灾,一部分是人为。

相比之下,有些地方的领导们则有着足够的警惕心理,而且也提前做好了防汛救灾的预案。因而,当洪水突如其来时,他们丝毫没有惊慌失措,而是稳定有序地转移受灾群众,尽最大的力量保护人们群众的财产和生命安全,使大灾来临时的损失减到最小。这就是提前规划的作用体现。

当然,我们生命中的很多事情也许并不像水火无情这般严重。但是,很多情况下,生命的转折点就在不经意间。因此,我们也必须具备这样的忧患意识,从而才能避免在意外发生时手足无措。

看看大多数人的人生,有些事情是可以预见的,有些事情则是完全从天而降。既然我们无法控制那些不可控的因素,那么就应该尽量把握这些可控制的因素。唯有如此,我们才能尽量减少生命中的惊吓,迎来更多的惊喜。

心理小贴士:

人生总是充满意外,有准备的人能够最大限度地保护自己,不被突如其来的灾难打倒。记得曾经有位名人说要向死而生,拥有如此豁达的心胸,想必没有什么能将其打倒。虽然我们都是普通人,但是也应该尽量未雨绸缪,不但要想到乐观的结局,也要设想不尽如人意的方方面面,这样才能让自己最大限度地拥抱和接纳人生。

参考文献

[1]任晓英.别做内心不安的女人[M].北京:群言出版社,2016.
[2]何君.说话办事心理学[M].北京:中国长安出版社,2009.
[3]蔡践.别让患得患失害了你[M].北京:海潮出版社,2014.
[4]易舒.豁达:人生何必患得患失[M].北京:中国华侨出版社,2013.